历史万州环境空间图解

袁 犁 谭 欣 许入丹 曾冬梅 吕 千 著

科 学 出 版 社
北 京

内容简介

本书主要内容是通过运用历史资料分析整理，建立模型复原图，采用图解形式分析万州重要历史空间主要节点与变迁，主要包括空间演变特征以及对重要建筑体群的分析与模拟表达等内容。本书内容共分为万州的历史发展变迁和演化；运用逆向空间原理讲解空间层次；研究历史万州城区环境空间组合；重要历史空间环境节点研究和空间环境复原恢复等四个部分。

本书的研究方法对于规划、建筑、历史、文化、景观等教学研究学者和学生具有参考和学习价值，对于爱好地域文化的广大社会民众培养科研素养和研究精神以及开拓视野也具有积极意义。

图书在版编目（CIP）数据

历史万州环境空间图解 / 袁犁等著. — 北京 : 科学出版社, 2018.9

ISBN 978-7-03-057221-9

Ⅰ. ①历… Ⅱ. ①袁… Ⅲ. ①古建筑—模型(建筑)—万州区—图解 Ⅳ. ①TU-092.2 ②TU205-64

中国版本图书馆CIP数据核字(2018)第084558号

责任编辑：张 展 唐 梅 / 责任校对：韩雨舟

责任印制：罗 科 / 封面设计：墨创文化

科学出版社 出版

北京东黄城根北街16号

邮政编码：100717

http://www.sciencep.com

成都锦瑞印刷有限责任公司

科学出版社发行 各地新华书店经销

*

2018年9月第 一 版 开本：787×1092 1/12

2018年9月第一次印刷 印张：20.25

字数：453千字

定价：198.00元

（如有印装质量问题，我社负责调换）

序

重庆直辖市的万州区，是十分具有历史文化传承和现代生活品质的山地人居环境重要空间节点。在历史上，从秦汉以来的“巴山蜀水”时代，万州就具有十分重要的军事、交通和商贸地位，是巴蜀、云贵等西南地区从长江水路通达国家东部（如湖湘、两广、江浙）的咽喉要道。在20世纪的抗日战争时期，万州对长江生命线的物资转运、人口集聚、军工生产、文化发展等起到重要的支撑作用；在21世纪，随着三峡工程的建设，万州成为三峡库区的中心城市，百万移民的重要举措，“高峡出平湖”时代壮举，大部分移民工程和城镇迁建的工程实践由万州及其长江沿岸的兄弟城市共同承担和完成。重庆直辖市设立，以万州为第二大城市形成渝东城市群的区域格局，形成了辐射和联系四川、湖北、陕西、湖南的重要枢纽。

专著《历史万州环境空间图解》，是基于对万州历史发展和城市演进功能格局进行研究的成果。其中，广泛涉及历史、地理、文化、城市和建筑的学术内容。专著由西南科技大学与万州区规划设计研究院共同完成，开启了校企之间科研与教学研究的合作模式。以西南科技大学袁犁教授科研团队为主导，联合万州区规划设计研究院，共同展开对万州空间发展和历史演化的研究，经过三年多的学术调查和研究分析，着力于万州历史环境与文化特征的发掘和分析，完成传统人居环境空间的解析，撰写完成《历史万州环境空间图解》论著。专著从人居环境空间角度分析城市主要空间节点的变迁和特征、主要建筑环境类型的空间构成特点；进行重要历史场景的复原模拟，归纳万州城市在空间营建历程中的特征。专著内容和研究思维深入浅出，图文并茂，集趣味阅读、专业研究和美术表现为一体，使读者能够对万州历史文化和传统空间形成记忆和回味。

重庆直辖市的城镇化发展使传统城市和建筑文化的历史记忆越来越重要。三峡工程的修建对沿岸城镇的淹没和大规模城镇搬迁使库区城镇历史传统部分的价值弥足珍贵。本专著从学术思想和研究方法上，为读者开启一种思路：以万州的历史环境来认识和回味三峡库区山地人居环境的传统空间和风貌形态，同时，也为传统山地人居环境的研究补充了学术史料。

2018年春于重庆大学

前　言

一座城市的历史是这座城市发展过程中珍贵的文化和精神遗存，更是这座城市的灵魂。如今我们只能从孤零零的文化遗迹中去探寻和回味历史岁月变迁留存下来的印迹，方能守住最后一片记忆。历史与文化、历史文化与文化遗产之间存在着相互影响、相互渗透的复杂关系，历史铸就空间，空间承载文化，在如今历史逐渐消逝的变化时代更需要细心呵护承载着历史底蕴的文化遗存。习近平总书记也曾说过："历史文化是城市的灵魂，我们应该像爱惜自己的生命一样保护好城市历史文化遗产。"

然而，时光荏苒，现在仍留存的遗产是否真的能永久保留，无论是不可预期的自然灾害影响还是人为因素影响，这都不会是一个定值。因此，保护现有的文化遗产既是当务之急，也是时代发展的历史使命，具有不可估量的价值。若能在此基础上进一步让人们有机会重温历史，以一种图文并茂的方式追溯和记录，重新穿越历史空间，触摸历史记忆，守住城市的根脉，既能为底蕴深厚的历史城市发展建设提供参考，也能让城市具有源源不断的生长力和向心力，绽放历史文化的光芒。

每座城市都有它独特的历史印记，由于家乡情怀和万州自三峡工程建设以来的巨大变化以及万州历史上优美的具有研究价值的古环境空间，本书将研究目光投向了重庆市万州区。万州毗临长江三峡，素有"川东门户"之称，地理条件优越，山势连绵起伏、雄壮开阔；古城山环水抱，绿水青山，隽永美妙，数千年的文化积淀孕育了众多的名胜古迹和独特的人文情怀。这些名胜古迹不仅承载着光阴的历史，见证了时代的变迁，也是这座城市珍贵的文化和精神遗存，但它们很多已随城市建设逐渐被损毁。同时，由于三峡工程的建设，万州很多珍贵的历史遗存淹没在水下，取而代之的是现代化城市建设发展的新城市格局，城市的历史记忆正逐渐消逝。

本书在历史与现代文献收集和资料整理以及现场踏勘、访谈等前期工作基础上，通过分析推理和相关佐证材料，参考大量古书记载，以收集数据，并采用图形视觉比较分析方法，尽力接近历史时期建筑和环境的空间尺度，从而对古万州主要历史时期中辉煌而优秀的景观环境空间进行分析，最后通过建模尝试复原历史场景，并从人居环境空间角度分析这些古代城市中主要空间节点的变迁。分析主要包括古万州空间演变特征以及重要建筑与环境，并进一步引导对环境空间场景的复原。由于历史上万州所属辖区有异，且随着历史的发展，城名、城址和城区辖域等均在不断地变化，为保证研究的统一性和协调性以及内容的合理性，本书以历史上的万县旧城址即古万州建城并置县治之后的中心城区环境空间为研究范围和时间区间。

本书认为历史万州的环境空间具有研究价值的原因，一方面是因为历史空间文化的可贵，它记录了一个地区的记忆和兴衰，承载了一个地区的文化积淀和一代代人的文化情怀，通过对历史环境空间的尽力恢复，能满足人们对历史万州的文化憧憬和情感寄托，能够让更多的人了解万州优秀的历史文化，通过现代全景动态科技手段去回顾万州的历史空间，触摸记忆；另一方面，作为现代化发展至今的万州新城，需要在城镇化建设的过程中继续保护好历史遗迹和现代再生的优良景观环境空间，对在现代城市建设中如何注重对优良景观环境空间的延续和保护提供参考，以利于城市的可持续性发展，并可作为研究历史万州城市特点的参考，让万州这座有着悠久历史的城市焕发魅力，让老万州人得以回味岁月。古建筑需要保护，环境空间更需要保护，中国传统山水园林文化的精髓，就是天地人必须融为一体，人与自然和谐，建筑与环境和谐，物质与精神和谐。仅仅靠保护几个历史单体，孤零零地耸立在高层建筑之中，而不顾及它曾经存在的环境，让它离开了历史文化精神和灵魂，是毫无意义的。同时，本书的研究方法对于规划、建筑、历史、文化、景观等相关专业教学与研究学者具有参考和学习价值，对于爱好地域文化的广大社会民众培养科研素养和研究精神以及开拓视野也具有积极意义。

本书内容共分为四篇。第一篇主要阐述万州历史空间的发展变迁和演化进程，从平面二维角度分析其发展特点和趋势，通过古万州历史城池的发展规律探寻其对环境空间发展变化的影响和意义。从古代到现代的发展进程中，在诸多有利因素和不利因素共同作用下，从万州空间的发展特征管窥优良环境空间的变化规律，同时研究地理位置和山水环境对万州发展变迁的影响。第二篇主要依据景观逆向空间的概念、方法对万州历史空间进行研究，分析和介绍主要时期外环境空间、内环境空间和内生活空间三个空间层次的具体内容和特征，详述万州古城不同历史时期的布局形态、建城特点以及环境空间特征。第三篇主要以景观逆向空间的方法研究历史万州城区环境空间组合。历史衍生空间，空间产生文化，文化又承载着历史，正是由于不同时期的不同空间类型丰富度存在着差异，导致景观性和价值性存在差异，而不同空间类型的组合与表达又会在城市空间的演化进程中成为一种影响力，不断变化和更新，或消逝或生长。通过对万州古城不同时期的不同逆向空间与组合序列关系的研究，阐明空间优化发展的形式和模式，以期对万州今后城市空间的发展建设提供参考。第四篇内容主要建立在大量古环境空间的深入调查、分析和研究基础上，通过长期的探索和分析，根据万州当下发展情况而选择的部分主要历史空间环境节点进行研究和空间复原建模工作。分别从边缘空间、交换空间、停留和行为空间、院落与生活空间四个空间类型，尝试对环境空间进行建模复原，以生动直观的形式表达和展示研究成果。第四篇主要以万州历史上久负盛名的诸如“万州八景”等优良环境空间为代表，一方面是由于其古空间形态优美，具有研究价值，空间位置上处于有利地位，它们均可作为主要的外向景观视线交换点或面；另一方面，它们大多是历史上影响万州空间生长发展的重要因素，由它们作为外向控制点影响内部空间格局的优劣，其重要价值可见一斑。

由于研究内容涉及面广，历史资料有限，加之现留存的历史空间大多已经在城建中消失，考证与恢复古环境空间难度较大，但是我们依然本着实事求是的态度开展走访调研和查实，尽量走近历史。因此也做了大量的工作，历时三年，不断求实，以极大的热情开展工作，希望通过我们的成果宣传中国传统的景观文化与设计方法，弘扬传统的城市环境造景技艺。我们通过软件模型制作取得了一些成果，也尝试做了一些复原模型和360° 全景图。我们将通过这次研究，积累经验，并在此基础上不断对成果进行修订和补充。同时，除了景观空间环境之外，我们还会深入到更精准的建筑形态和视觉尺度分析研究中，力争为历史环境空间大数据的建设和积累提供更多有用的信息和宝贵资料，以此带动对历史文化古城环境空间的研究和保护。

本研究成果得到了重庆市万州区规划设计研究院科研项目“万州城市空间形态演变研究”（项目编号：KZ18009）的支持与合作。

目　录

第二篇　历史万州环境空间概析

第三篇　历史万州环境空间组合分析

第四篇　历史万州城区主要环境空间意向表达

引　子

史书中记载的羊飞山①

《蜀鉴》（宋）云："三国时有羊渠县，盖置于山下"。

清嘉庆《四川通志》："羊飞山在县西南五十里，相传昔有人学道于此，常养二羊，一日，戒童子勿放羊，童子放之，一羊冲天而去。"

《水经注》载，"相传昔有神龙化为羊，至长滩井，贴土不行。土人异之，掘地遂得盐泉，故谓其水叫羊渠。"

众多资料记载，羊渠古城为万县建县之始，其背靠羊飞山，西临由南流北的磨刀溪（即郦道元所说的南集渠）。县名"羊渠"，即与该处古有地名"羊飞山"（即羊石岩）及磨刀溪古名"南集渠"直接相关。[1]也即是"羊"代表山，"渠"代表水，有山有水，亦是山环水抱，富有生机。体现了古人择山水而居的传统思想以及城池选址对于山水环境的重视。

（据宋《舆地纪胜》羊飞山传说编绘）

① 宋《舆地纪胜》卷一七七："羊飞山，在（万）州西南五十里。旧经云，昔有人于此山学道，常养二羊。忽一日，诫童子云：'勿放羊。'童子放之，一羊冲天而去，因名。"（注：万州，唐置，即今重庆市万州区）

日本戏剧中的羊飞山[①]

能剧《邯郸》（日）[②] 选段

日本能剧《邯郸》以中国为背景，改编自“邯郸之枕”的故事，出自唐代沈既济的《枕中记》。主要依据的是14世纪的物语著作《太平记》（卷二十五）的转述。据记载，其创作于室町时代（1336～1573年），中国明朱棣时期，相传为世阿弥所作[①]。

かんたん
邯鄲

＊ ▒ 内の台詞は、流儀によって異なる場合を示す。

一　邯鄲の宿の女主人、枕を据える

中国・邯鄲の里。宿の女主人が枕を持って現れ、「邯鄲の枕」について説明した後、枕を台の上に置く。

【狂言口開】(きょうげんくちあけ)

はじめに間狂言が登場して、物語のはじまりを導く。これを「狂言口開」と呼ぶ。

邯鄲の宿の女主人　ここにおります私は、中国・邯鄲の里に住む者です。私はかつて、仙術の使い手にお宿をお貸ししたことがございます。そのとき、宿のためにとおっしゃって、邯鄲の枕というものを賜りました。これをお使いになって一眠りまどろまれますと、わずかな間に夢をご覧になり、来し方行く末の悟りを開けるという枕です。今日も旅の方がお泊りになったなら、私にお知らせください。そのことをよく心得ておいてください。

① 翻译.能剧.-邯郸，玖羽，译注：(3)：羊飞山，在四川万县（今重庆万州区）西南五十里也。https：//www.douban.com/note/486826991/.

② 邯郸（简介），Kazuraki，功能编辑部.http：//www.the-noh.com（e-mail：info@the-noh.com），カリバーキャスト（株），2011年9月6日（版本1.0）.

想吾生而為人，卻未嘗與佛家一顧，成日茫然，空度朝暮。吾聞楚地羊飛山有得道高僧，心思請他指引前路，一發此念，當即啓程往也。

店家將"邯鄲之枕"讓盧生小枕片刻。

二　盧生、邯鄲の里へ着く

蜀の国に住む盧生は、ある時思い立って、楚の国の高僧に逢おうと、羊飛山を目指す。その途中、邯鄲の里に着き、宿を取る。

盧生　辛い浮世に迷い旅に出て、浮世に迷い旅に出て、この迷いの夢の終点を、いつと定められるだろうか。

私は蜀の国の一隅に住む、盧生という者だ。私は人として生きながら、仏道を願うでもなく、ただぼんやりと日々を過ごしてきた。

まことに楚の国の羊飛山には、尊い高僧がおられると耳にしましたので、この身の振り方を尋ねてみようと思い、ただいま羊飛山へと急いでいるところです。

住み慣れた国を雲の彼方の後に見て、住み慣れた国を雲の彼方の後に見て、山また山を越えて行く。定まらない旅を続け、野に暮れ、山に暮れ、里に暮れて寝泊りした末に、名前だけ聞いたことのある邯鄲の里に、早くも着いた、邯鄲の里に、早くも着いた。

急いで参りましたので、邯鄲の里に着きました。まだ日も高いうちですが、ここで宿を取ろうと思います。

万州城简史

古代万州城池变迁

万州历史悠久，地域广阔，人杰地灵。纵观万州历史发展，几经兴衰，其城址经过四次变境、迁城与更名，明代以后稳定发展，为今万州的繁荣奠定了良好的基础。

万县在东汉以前一直无独立建制，夏商属梁州地，周属巴子国，战国后期属楚国辖地，秦属巴郡朐忍县辖地，包括今重庆云阳、开州、万州、梁平以及湖北利川等部分地区，归属巴郡[2]。

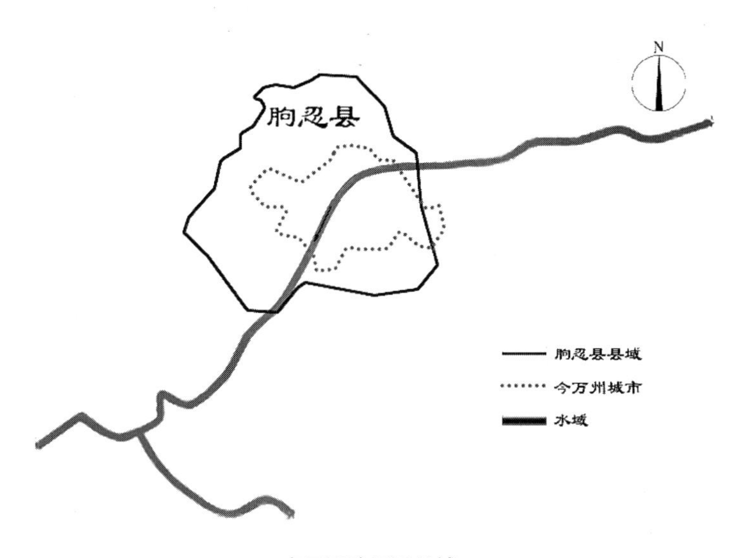

秦巴郡朐忍县县域

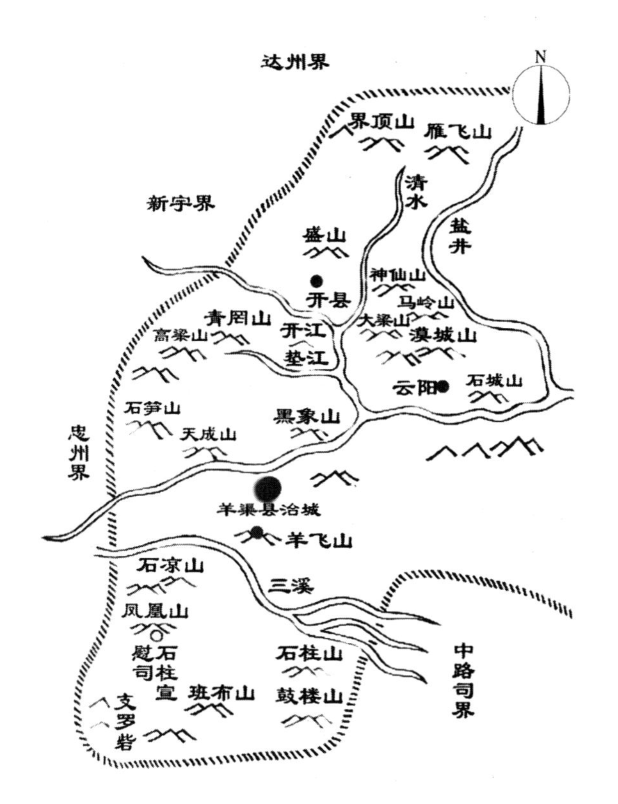

东汉羊渠县治城所在地示意图

东汉建安二十一年（216年），“后汉分朐忍置羊渠县”“羊渠县置羊飞山下，在县西南五十里”，即治城在今天的长滩镇河东故城区，是为万县建县之始，也是万县建城之始。

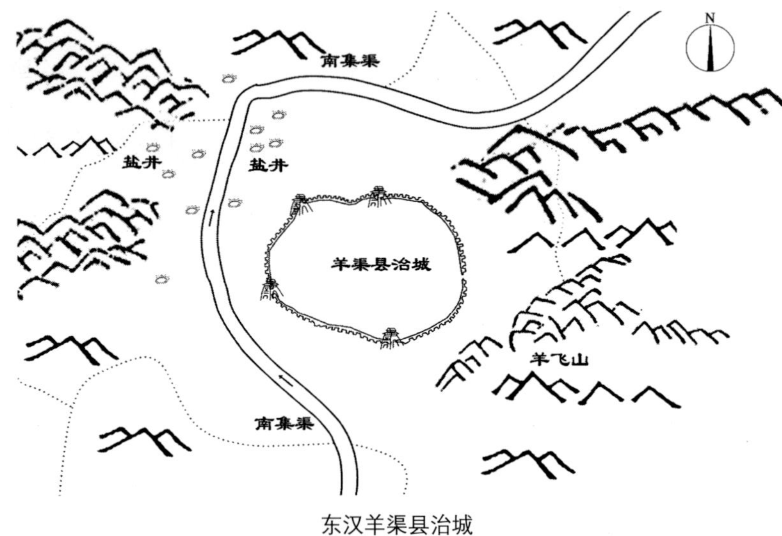

东汉羊渠县治城

北魏郦道元的《水经注·江水》一书记载长滩江水环抱："江水又东，会南北集渠（北集渠即现在开州的浦里河，南集渠是今磨刀溪的古名称），南水出涪陵县界（石柱为磨刀溪发源地，古为涪陵县管辖）谓于阳溪，北流经巴东郡之南浦侨县西""溪水北流注于江，谓之南集渠口，亦曰于阳溪口。

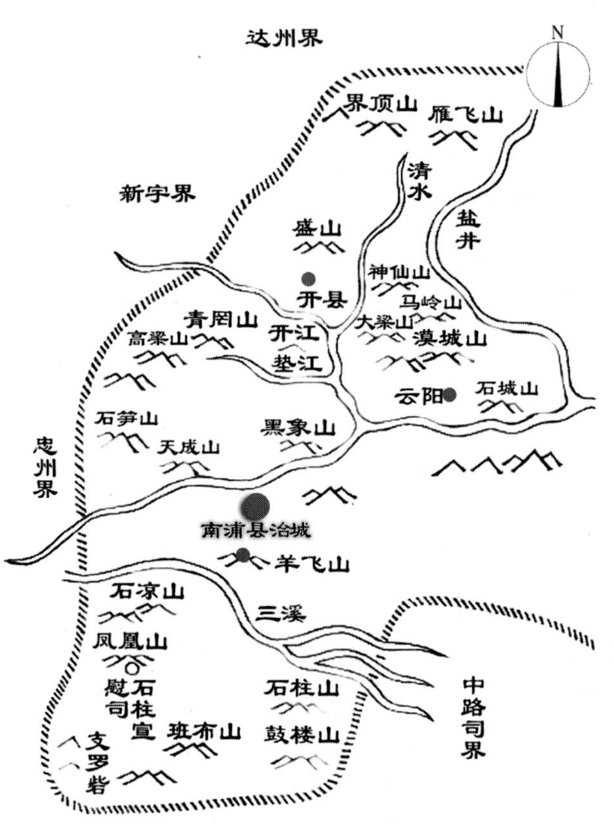

蜀汉南浦县治城所在地示意图

蜀汉建兴八年（230年），后主刘禅为阻夷，分羊渠县部分地方置南浦县，治所位于今万州区南岸，即今陈家坝街道办事处陈家坝社区南滨公园内。

“南浦，乃蜀汉所新建。相传大江南负山滨江有坦坪，周围数里许，为南浦故城，缅山川形势繹命名之义，当在江之南。”[2]

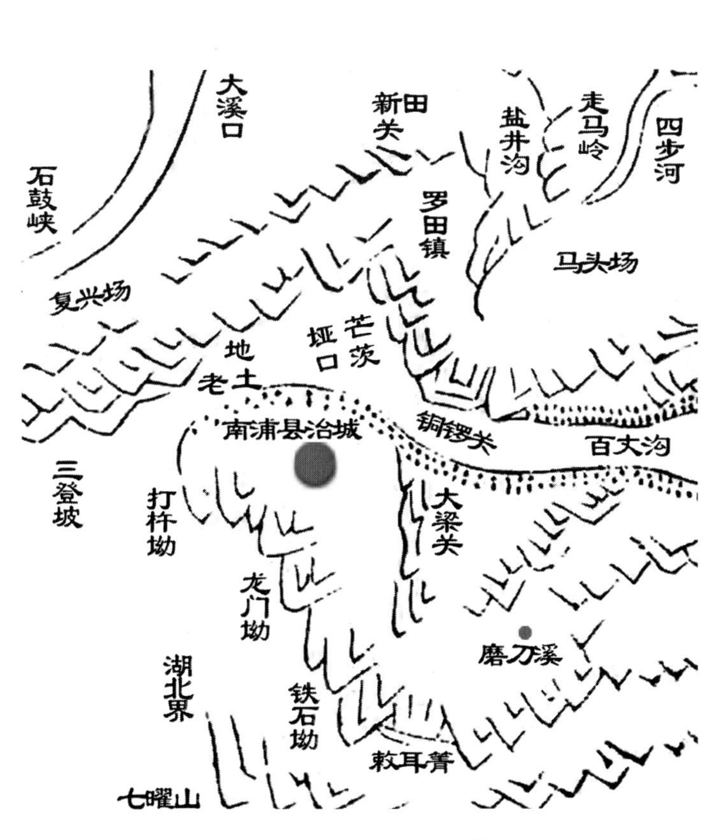

东晋南浦县治城所在地示意图[2]

晋平吴后，省羊渠置南浦县，徙治所于湖北利川南坪镇。

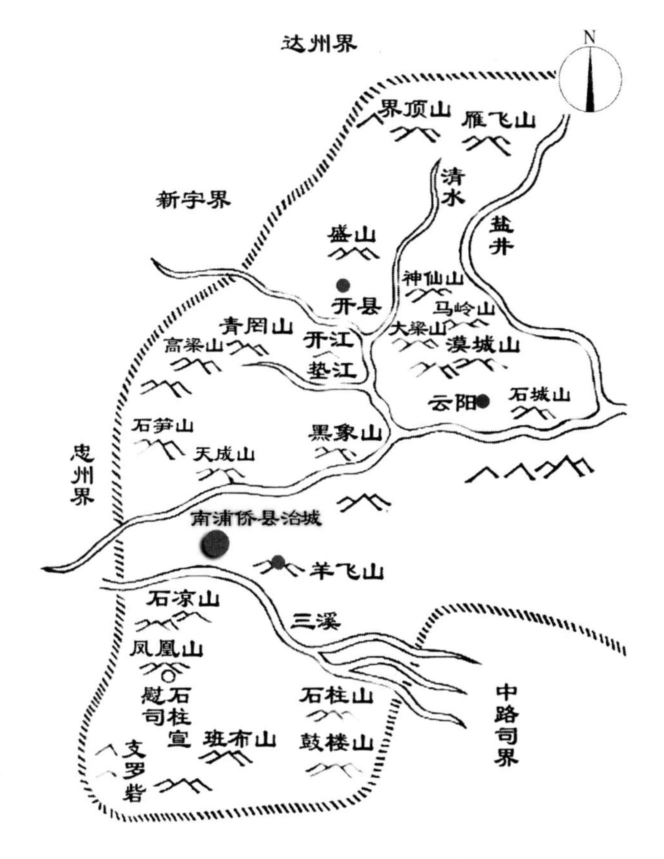

东晋南浦侨县治城所在地示意图

蜀中大乱，流民逃亡羊渠故地，公元347年，东晋永和三年，因南浦县城一带被少数民族首领控制，便将南浦县又迁至长滩，为南浦侨县县城。

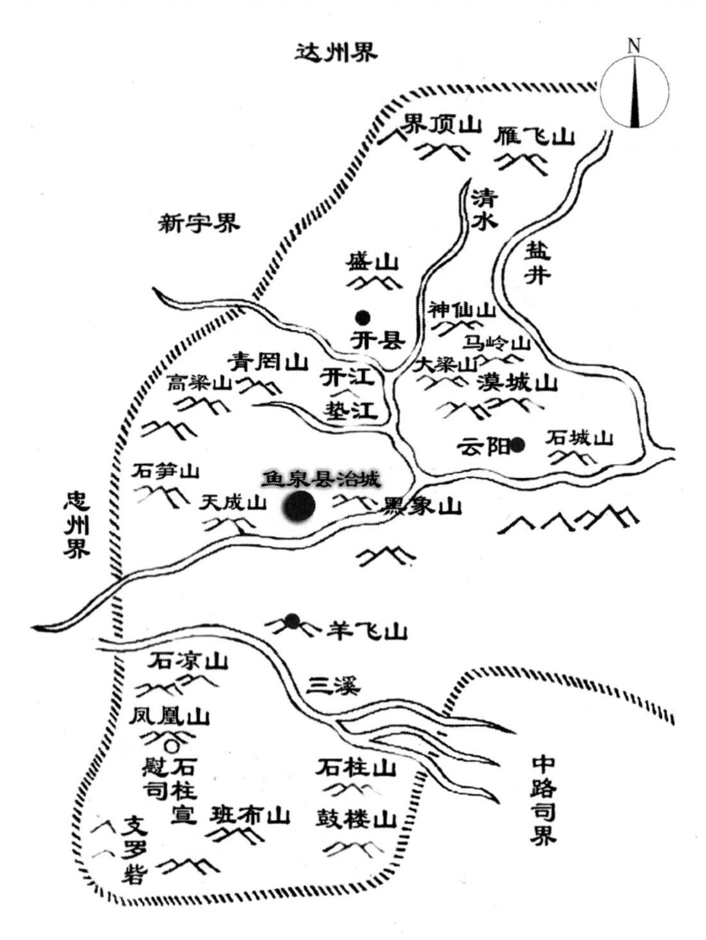

西魏鱼泉县治城所在地示意图

西魏废帝二年（553年），省江南南浦侨县，又分朐忍县大江北岸西北部分县地，共置为鱼泉县，徙治于江北苎溪河左侧，即20世纪末万州老城区环城路南门口一带，为今万州建城并置为县治之始。

隋开皇十八年（598年），改万川县为南浦县；唐武德二年（619年），置南浦郡；唐武德八年（625年），改南浦郡为浦州；唐贞观八年（634年），改浦州为万州。元世祖至元二十年（1283年），省南浦县入万州，领武宁一县。元二十三年（1286年），设四川行中书省（简称四川省），万州隶属四川省夔州路总管府。洪武四年（1371年），并武宁县入万州，洪武六年（1373年）十二月降万州为万县。治今万州城区。明成化二十二年（1486年），筑万县旧土城，周5里，古城址位于长江北岸，依山而建，选址在长江与苎溪河的交汇处。

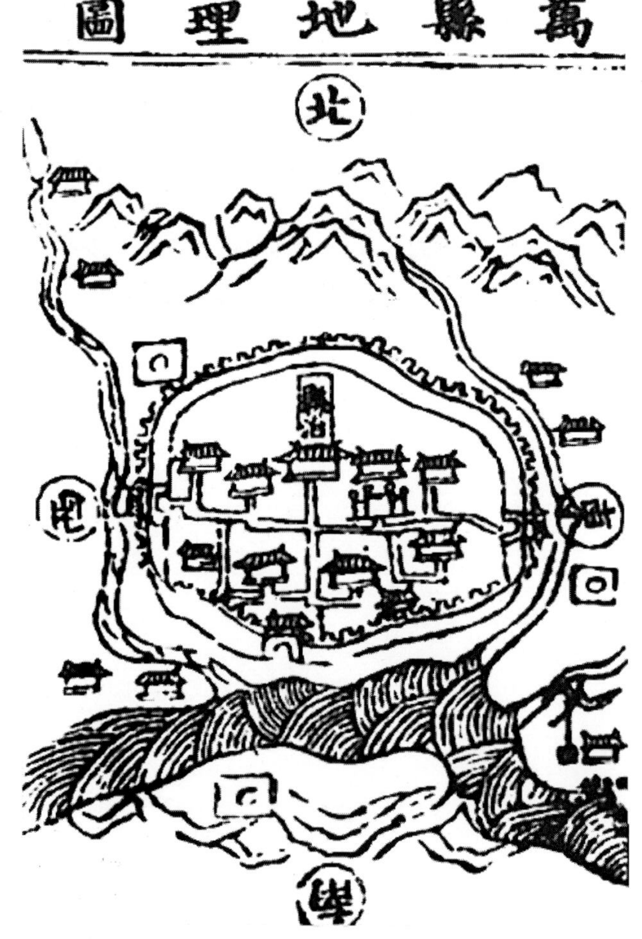

明正德夔州府志・万县地理图[3]

清康熙夔州府志・万县图①

清代初期夔州府辖境和行政区划仍沿循明末旧制。1644～1646年属张献忠建大西国；清顺治三年至嘉庆七年（1646～1802年）属四川省夔州府；根据清朝光绪年间和道光年间的万县志及其他史料佐证，清代城镇在明朝选址基础上继续发展扩大，由城镇内向城镇外（苎溪河南）扩散。清乾隆三十四年（1769年）改建为石城，并将城墙加高。

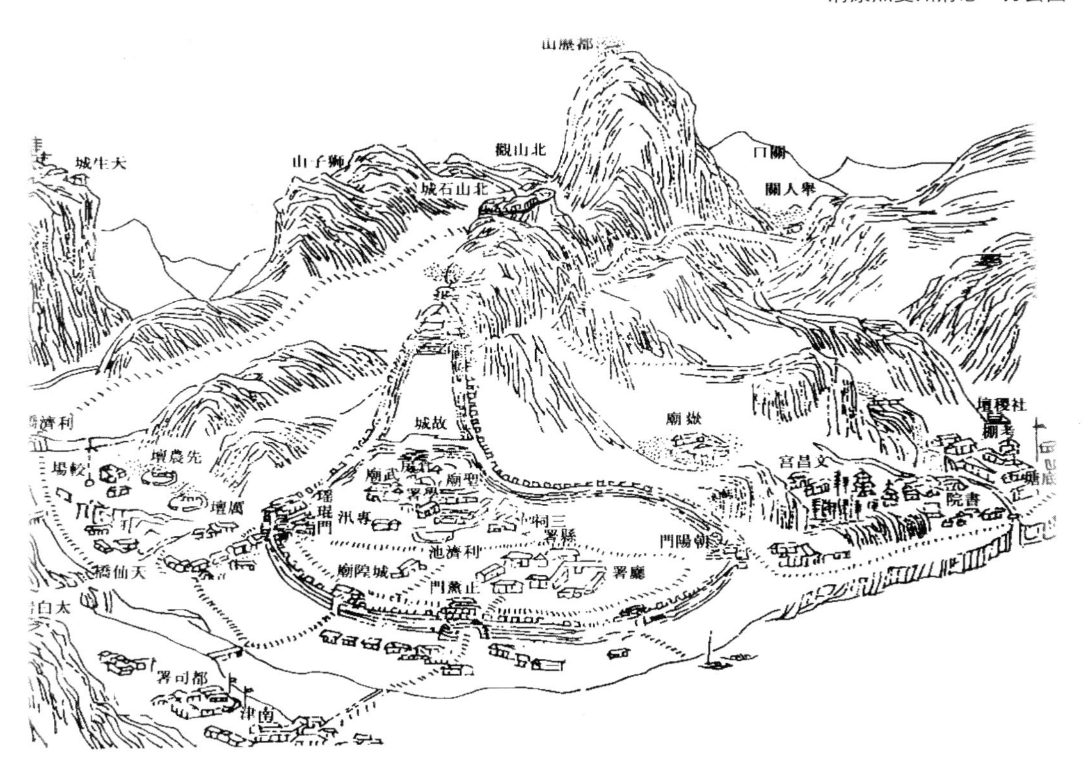

清同治万县城池图[2]

清代同治年间，因洪水泛滥，淹没整个万州古城，古城墙损坏较为严重。重修城墙后，由原来的“周五里、为三门”缩小到“周三里、为五门”，新建的城池空间更好的顺应了地形地势。同治元年，知县张琴增修砖屋30所，连同旧有计50所；同治十二年大水，城东、西、南陷裂120余丈，知县张焜、仕鹤龄等，征集大量民役，用四年时间，对城垣、城门、堡坎、水沟等进行全面整理、改建和加固，此时万县城区有向苎溪河南岸拓展的趋势。

① 程溥等撰，吴秀美主修，夔州俯志・万县图，康熙二十五年（1686年）刻本.

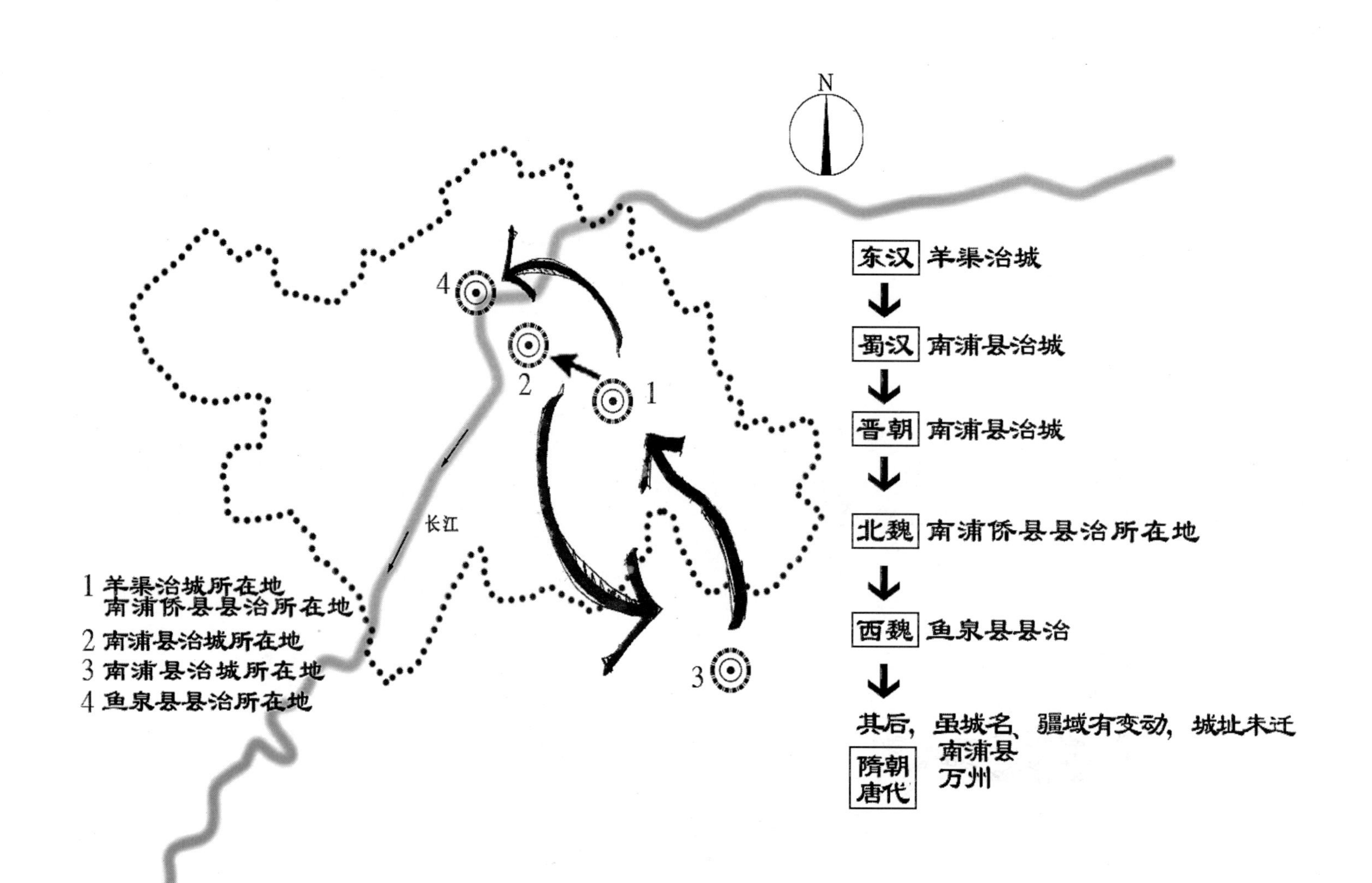
N
4
2
1
3
长江
东汉 羊渠治城
蜀汉 南浦县治城
晋朝 南浦县治城
北魏 南浦侨县县治所在地
西魏 鱼泉县县治
其后，虽城名、疆域有变动，城址未迁
隋朝 南浦县
唐代 万州
1 羊渠治城所在地
南浦侨县县治所在地
2 南浦县治城所在地
3 南浦县治城所在地
4 鱼泉县县治所在地

治城迁移示意图

近现代万州城市空间发展

1949年前的万县规模大小不一。分水、武陵、龙驹、后山、新田等地居于交通要道，比较繁荣，规模较大，武陵镇还素有“小万县”之称。

1949年12月川东人民行政公署万县区行政专员公署（简称“专署”）和万县市人民政府成立。同月中国共产党万县地方委员会（简称“地委”）正式成立。1950年设置万县专区，1970年改为万县地区，至1992年底没有大的变动。1996年9月，国务院批准万县市由四川省划属重庆市代管。[4]

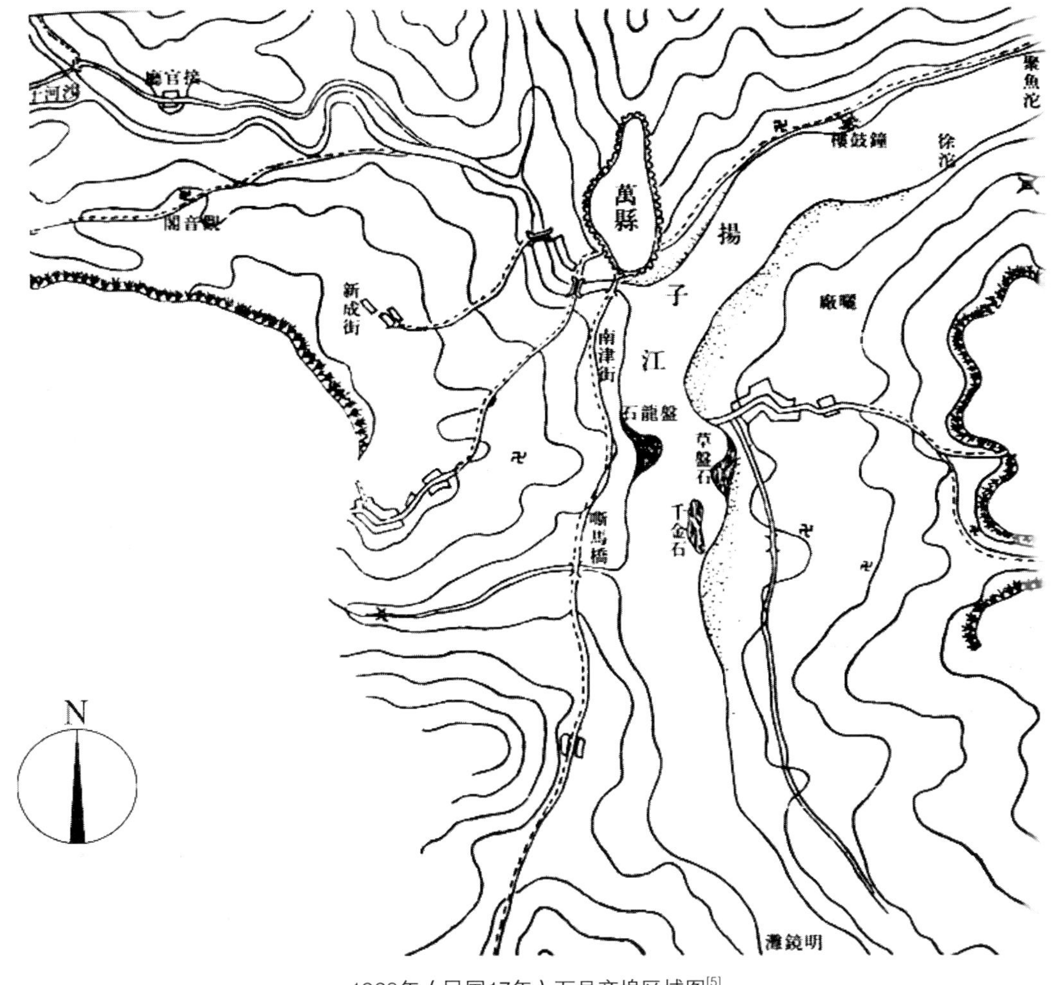

1928年（民国17年）万县商埠区域图[5]

近代万县的发展由公路建设开始。自1912年起，先后有日、美、德、法、丹麦等国的25家公司在万县城内设立商贸机构。民国6年（1917年），重庆海关万县分关成立。从此，万县便成为川东、陕南、鄂西、湘西进出口货物集散地。1925年7月23日，北京临时执政指令正式发布万县开埠。民国25年（1936年）全县共有大小场镇74个。民国35年（1946年）增至99个（均含原万县市8个场镇在内）。

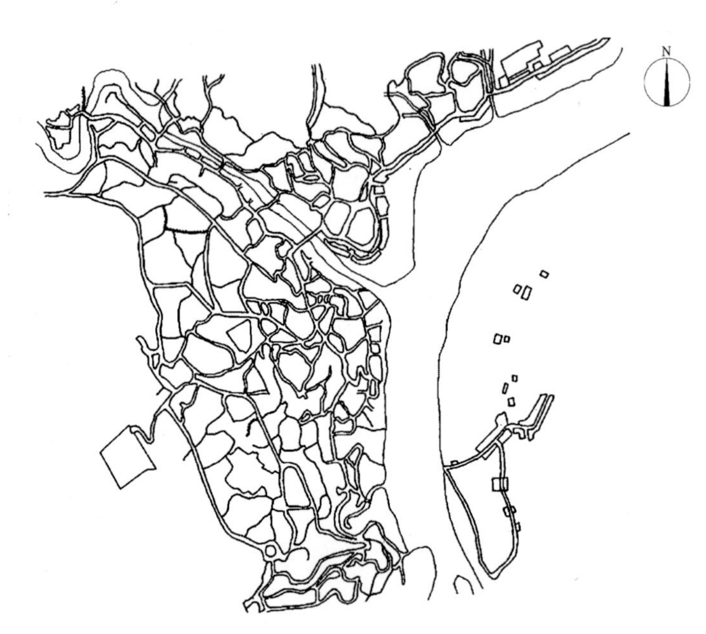

1941年中心城区城镇路网布局图（据资料编绘）

随着万县开埠，城市不断繁荣，城市范围不断扩大，万安桥连通苎溪河两岸，重心开始向南迁移。那时最繁华的地方是南门口区域，大量政府机构迁移到苎溪河南岸，万县城区的中心发生转移，当时城南已经出现纵横交错的网状道路格局。

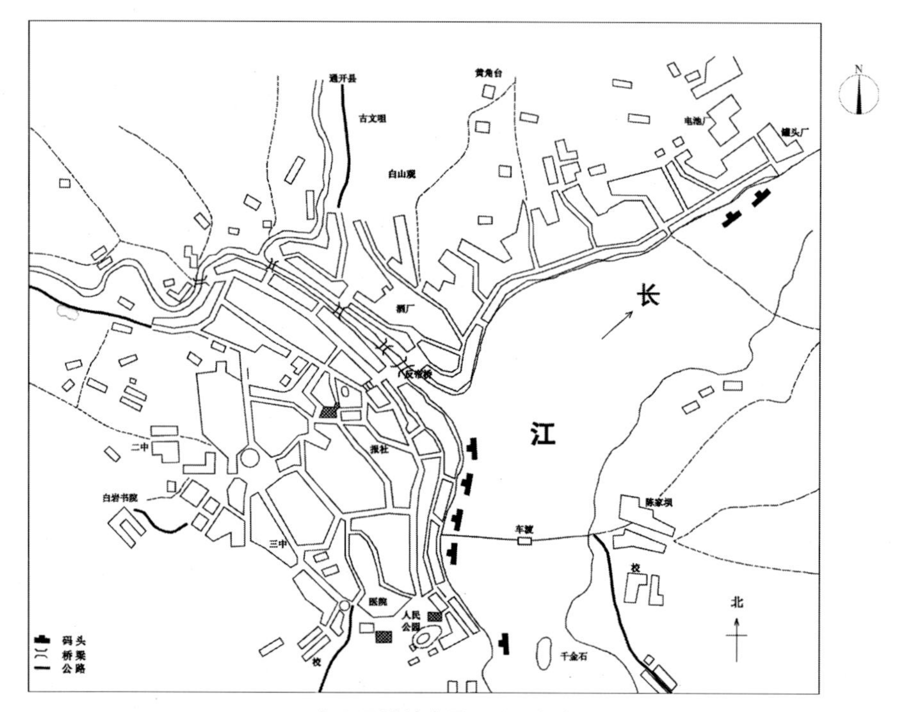

1958年万县城镇布局图（据资料编绘）

1949年12月15日川东人民行政公署万县区行政专员公署（简称“专署”）成立。12月16日，万县市人民政府成立。12月29日，中国共产党万县地方委员会（简称“地委”）正式成立。1950年12月15日设置万县专区。1964年7月，将曾属于万县市的凉风、柱山、甘宁、河口、鹿山公社划归万县后，县、市辖区才相对稳定下来。

1980年万州城镇布局图（据资料编绘）

近代城市发展迅速，表现为沿江呈带状组团式结构发展，经济发展进入加速时期，城市空间类型和层次增多，万州进入繁荣发展时期。

1992 年设万县市，辖龙宝区、天城区、五桥区、开县、梁平县、忠县、云阳县、奉节县、巫山县、巫溪县、城口县3区8县。1997年3月14日，万县市正式划属重庆市。万州区东与云阳相连，南邻石柱和湖北利川，西连梁平、忠县，北倚开县和四川省开江县，北有大巴山，东邻巫山，南靠七曜山。

万州古城风水环境

据清道光《夔州府志》记载，古万县在夔州“府西少南三百六十里，东西距二百里，南北距二百二十里，东至云阳县界八十里，西至忠州直隶州界一百二十里，南至湖北施南府利川县界一百八十里，北至开县界四十里……”

“万县旧土城，前明屡经修造，成化二十三年，知县龙济始修高一丈二尺；正德六年知县孙让增高三尺；嘉庆二十三年知县成敏贯重修周围五里计九百丈，高一丈五尺，为门三：曰会江、会府、会省；万历三年，大水临江一带崩塌，署印主簿朱幟重修，用石甃砌；万历壬子知县方登书迎曦二字于东门，后皆颓废，惟三门基址尚存。”[2]“乾隆三十四五年，知县刘文华、萧一枝先后修竣……五十四年知县孙廷锦劝捐修竣。”[5]

古万州山水形胜

南宋《舆地纪胜》：“北环梁山，南带长川，扼束巴楚，有舟车之会，夔州一道，林泉之胜莫与南浦争长者。万州居三峡之上，处岷蟠之下，西山为峡上绝胜。万枕都历山足，岷江流其前，苎溪出其右。”[6]

《方舆胜览》：“郡守赵公有诗序，曰岑公洞，曰西山，曰翠屏，曰鲁池，曰江会楼，曰天生桥，曰蛾眉碛，曰古练石为万州八景。”

南山在县南隔江三里，下瞰大江即县之对山也，面揖南山，背负都历，叠翠如屏，东南二里与明山相连。

西山在县西三里，又名太白崖，西山之胜，东望巫峡，西尽郁邬，不敢与之争抗。

天城山在县西五里，四面峭立如堵，惟西北一径可登，亦名天生城。

鱼存山在县西十里，上锐下广，崖面有石形如双鲤亦名鱼存山；木枥山在县西一百里，亦名水枥山。

人存山在县西北十五里，四面悬崖，周围四十里，亦名万户山；都历山在县北三里，一峰插天，飞鸟不能越，气象融结，为县之主山，又号文笔山。

狮子山在县北八里，形如狻猊，四面险绝惟鼻可登。

岑公崖在县南隔江一里，亦名岑公洞，洞门瀑布十余丈，自悬崖飞下，淙潺不绝，下注溪涧，洞口有岑公洞三个大字。

蛾眉碛在县南对江岸，侧水落石出碛形如眉，多细石色斑，可以游戏，每正月七日乡市士女至碛上作鸡子卜击小鼓，作竹枝歌，二月二日，携酒馔于郊外，饮宴至暮而还，谓之迎富。

鲁池在县西三里，西山之麓，南有流杯池，俱宋刺史鲁有开所凿，广百亩，植以红莲。

包泉在县西山，山泉水清冽。[6]

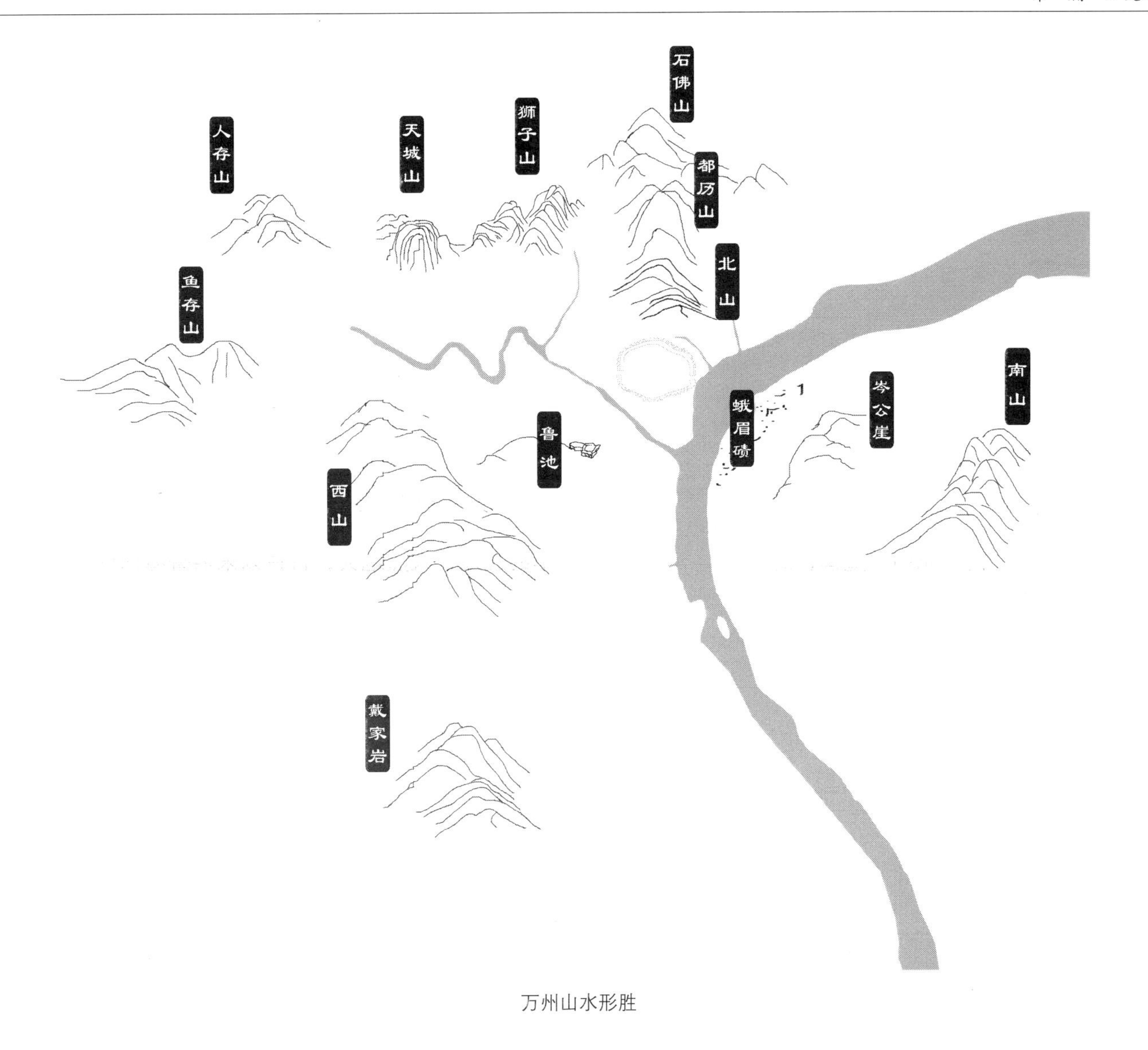

万州山水形胜

万州古城风水观

城池选址

中国古代山水环境文化，讲究安居须选择“山环水抱”、生气旺盛的“藏风聚气”之地为最佳的基址环境。

所谓“寻龙先看水”“风水之法，都必须得水为上”。古代万州城址选择完全遵循风水地理“阳宅须教择地形，背山面水若有情。山有来龙昂秀发，水须转抱做环形”的理念。

城池的选址和营造融山、水、城于一体，布局充分体现人与自然和谐、“天人合一”的思想。古城作为川东峡江门户，选择山水和区域地理的优越位置营建城市，既利于生存和发展，又契合“依山川”“涉险防卫”和“水陆交通要冲”等地理要素和风水要求。

城池选择在江水以北之都历山南麓的风水阳位为穴，背北山而面江水，坐北向南；大水环流，溪水环抱，山南水北，左水右道；青龙葱郁高延，白虎陡峭俯首；大江奔腾迎水而来，却盘龙砣水而聚；苎溪水叠流而下，却横向环抱而归江流。古城三面环水汇局堂前，然顺流向东经水口龟山浩荡而去。

城池风水形势

细观古万州环境空间格局，大江经流处，溪流与之交汇，山水交错绘织，环抱有情。城池之地，来龙于古城以北的大梁龙脉祖山徐徐延绵临江，四周群山环抱；江流天门地户上下紧锁，后龙基址背景空间敛聚；西、南两翼砂山环护，“聚巧形以展势”“驻远势以环形”，具有优越且封闭安全的风水格局。城址位于区域北部都历山南麓，背山面水，坐北朝南，居于大江及溪水山南水北之阳位，符合历代城池选址的风水观念。

万州人文化成，得益于山川形胜，独特之处在于它是由大巴山脉、巫山山脉、武陵山、大娄山等山系环绕交汇聚结形成的山水严密缠护的形胜之地。山围四面，水绕三方，倚长江天险，寨关林立合护，易守难攻，闭关锁城。所以，千百年来，万州理所当然地成为大江东去的川东门户重镇，商贾辐辏和文人墨客荟萃的胜地，人杰地灵，自古以来名誉海内外。

再者，西北有狮子山、天城山层层护卫，东有翠屏山（青龙）拱首、西有西山（白虎）守城和南山面屏，三面围合，与江河水层层交互环抱，构成了历史古万州优美而独特的山水形胜。

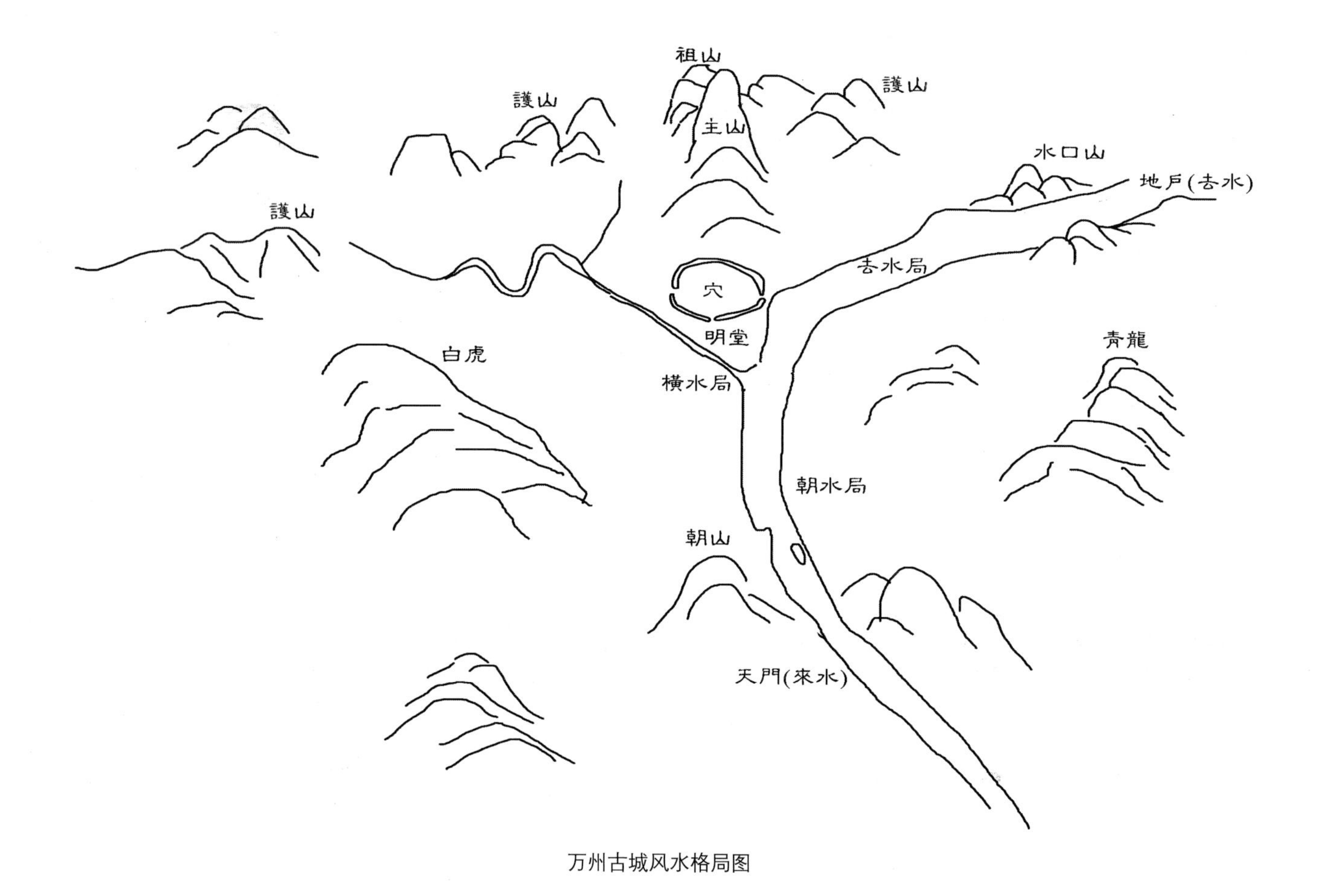

万州古城风水格局图

从万州城内看，东有翠屏，西有太白岩，背枕都历，面揖南山，山的余脉盘旋锁势，形成山环形势；大江与苎溪交流汇合于古城前，再顺东流而去，形成水绕形势。古代风水学家将此山环水绕的相对封闭的地理环境称为太极，认为“地理太祖，一龙之终始，所占之疆域，所收之山水，合成一圈，此一太极也”。

古城营建风水

万州历史悠久，水陆之地沧海桑田，城垣神池屡毁屡建。其建城的主要特点如下。

其一，争取地利。从朐忍县到羊渠县，再到南浦县，南浦侨县，鱼泉县，直至最后定址，历代政治中心不断向北迁移，可以看出古万州在城市建设中如何不断地追求地利条件，寻得风水佳址。

其二，格局营造注重修补风水缺陷。针对大江水流湍急、青龙形势示弱、顺水去水直放湍急等不利格局，采取相应措施，具高超的协调自然的技巧，使其达到非对称均衡的格局。同时古城内部布局严整，其城市的营建深受风水思想和环境因素的影响。[7]

其三，发达的寺庙宫观建筑。万州有万寿寺、广济寺、石佛寺等佛寺建筑；青羊宫、文昌宫等宫观建筑；张飞庙、五显庙、关帝庙等众多庙宇，以此形成了“九宫十八庙”的恢宏格局。[8]

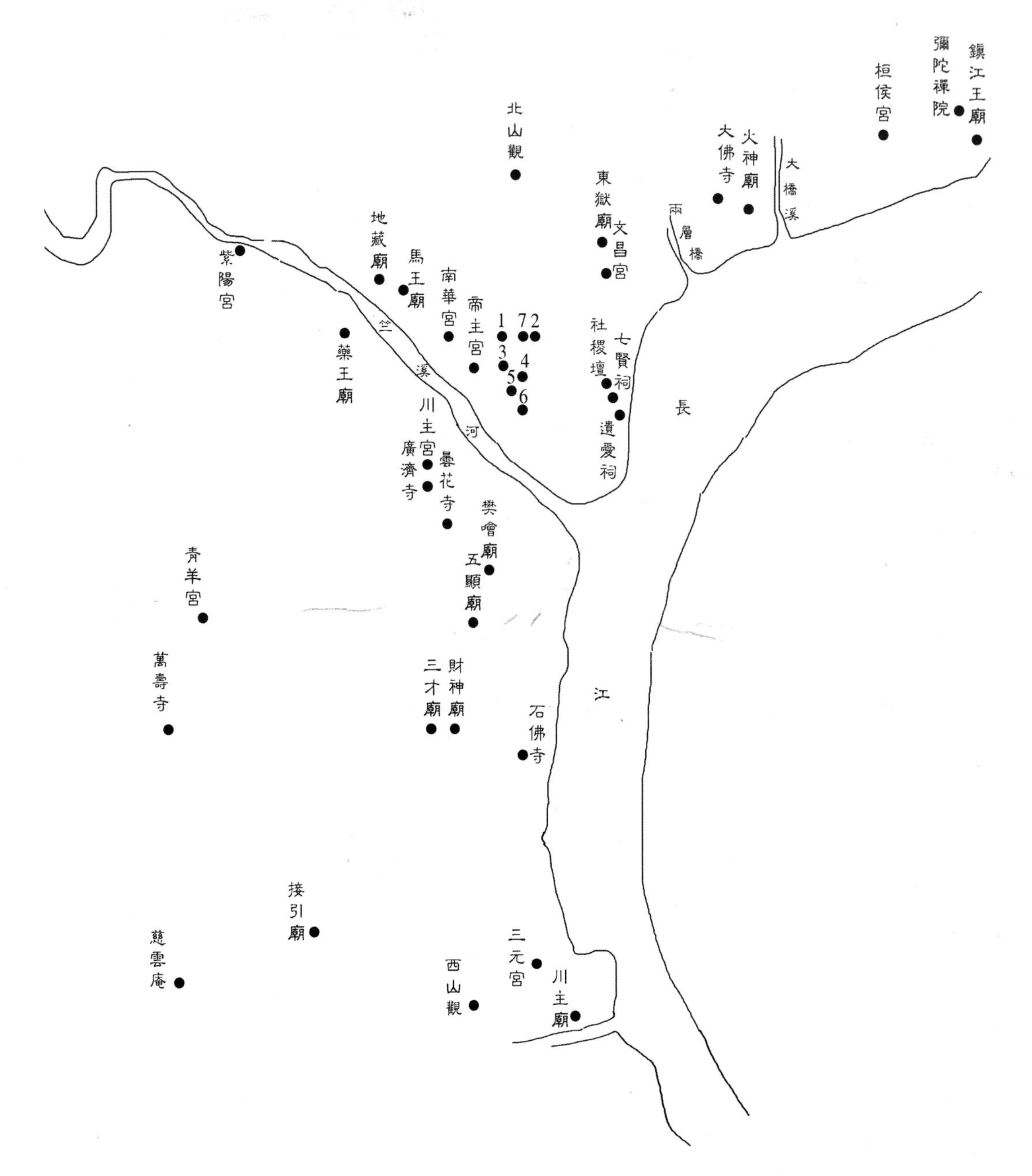

万县九宫十八庙分布图[①]

① 根据：陆安桥. 老万州所谓的“一院、四寺、九宫十八庙”，而今安在哉. 1871. http：//www.360doc.com/content/16/0108/13/19096873_526382090.shtml，2016-01-08.

历史上主要时期城区空间环境

古代城池空间特征

至西魏时期古城迁址后，治城于都历山北山南麓，坐北朝南，濒江面水，食南方风水；背靠都历，左倚翠屏，右傍西山，有依有靠，面对戴家岩，加之南山围合，为封闭安全的风水地理位置，气候宜人，土壤肥沃，万县也因此独特的地理环境作为军事战争中重要的天然防线。而后的古城迅速发展，城域范围也不断扩大。历史上的老县城作为县和州郡治的历史虽然长达1384年，但历代官僚只知筑墙固守，直到晚清时期，城区还局限在原万县市环城路一带。据旧志记载，明、清时期，对万县旧土城进行过多次修造。明成化二十三年（1487年），知县龙济始修；嘉靖二十三（1544年），知县成敏贯重修，周围五里，计900丈，高1.5丈，建有会江、会府、会省3门，后临江一带被大水冲塌，署印主薄朱帜重修，始用石甃物；清乾隆三十四年（1769年），知县萧一枝、刘文五先后修缮；清乾隆五十四年，知县孙延锦募捐，改题三门为朝阳、迎熏、瑶琨，别置小南、小西两门；嘉庆四年以后，为防止白莲教等农民军攻城，又在北城外修建炮台为重城，东、南、西三门各设谯楼；道光十九年，知县兴善捐修砖垛及东门瓮城，计雉堞895个；同治元年，知县张琴增修砖屋30所，连同旧有计50所；同治十二年大水，城东、西、南陷裂120余丈，知县张焜、仕鹤龄等，征集大量民役，用四年时间，对城垣、城门、堡坎、水沟等进行全面整理、改建和加固，此时万县城区有向苎溪河南岸拓展的趋势。光绪二十八年（1902年），《中英通商条约续约》将万县辟为通商口岸，外国资本随之而来。从此，万县城商贾云集、生意兴隆市场繁荣，再加上迅速发展的饮食业、服务业、加工业、运输业等，使城区范围不断扩大，城市日益繁盛。

“南浦”时期环境空间

“（长滩）江水又东，会南北集渠（北集渠即现在开州的浦里河，南集渠是今磨刀溪的古名称），南水出涪陵县界（石柱为磨刀溪发源地，古为涪陵县管辖）谓于阳溪，北流经巴东郡之南浦侨县西”　“溪水北流注于江，谓之南集渠口，亦曰于阳溪口。北水出新浦县北高梁山分溪，南流迳其县西，又南一百里，入朐忍县，南入于江，谓之北集渠口，别名班口，又曰分水口”。当时治城的选址环境格局不佳，只因便于盐卤资源的索取，而建于羊飞山北坡，存在环境空间缺陷，不足以阻挡北方阴气，接纳阳气不足，冬季易受寒气侵袭。后又几经迁址至今万州区南岸（湖北利川南坪镇）、长滩江南和原万县市环城路一带。[9]

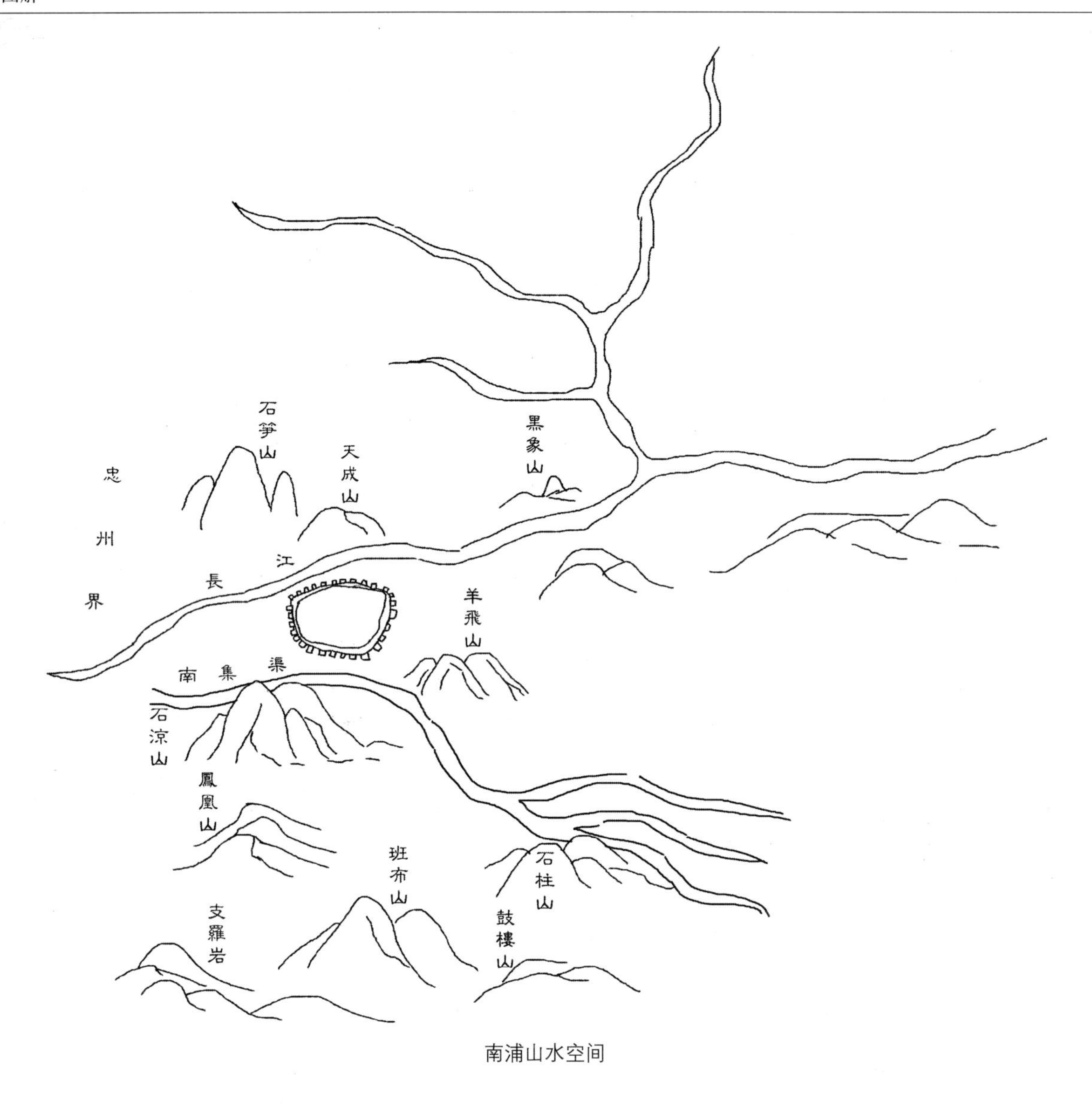

南浦山水空间

明代正德年间环境空间

“城门者，关系一方之居民，不可不辨，总要以迎山接水为主”，明代正德年间的县城被长江、苎溪河和纸坊溪三条河流围绕，北依大山，阻挡生气，交通不便，所以城门未向北开，只在东西南三个方向筑有城门，分别为会府门、会省门和会江门。

万县城廓空间呈椭圆形，符合“曲生吉，直生煞”的古代山水观念，内部按照规矩营建城池，体现天圆地方的风水规制思想：路网格局两横三纵，县署居于南北和东西向主路连接的中心，与南门座对，建筑布局中轴对称。东方五行为木，主文、仁、学，因此有文庙等居于此方；西方五行为金，立武、义，有武庙等居于此位。根据《正德夔州府志・万县地理图》以及一般古城的布局理念，推测古城墙的西北角和东门旁边分布的建筑为祭祀建筑，符合坛庙建筑一般位于城郊的规律。城内道路布局比较规整，利于阻挡阴气，迎来生气，遵从“对称性和秩序性”的儒教理念。[7]

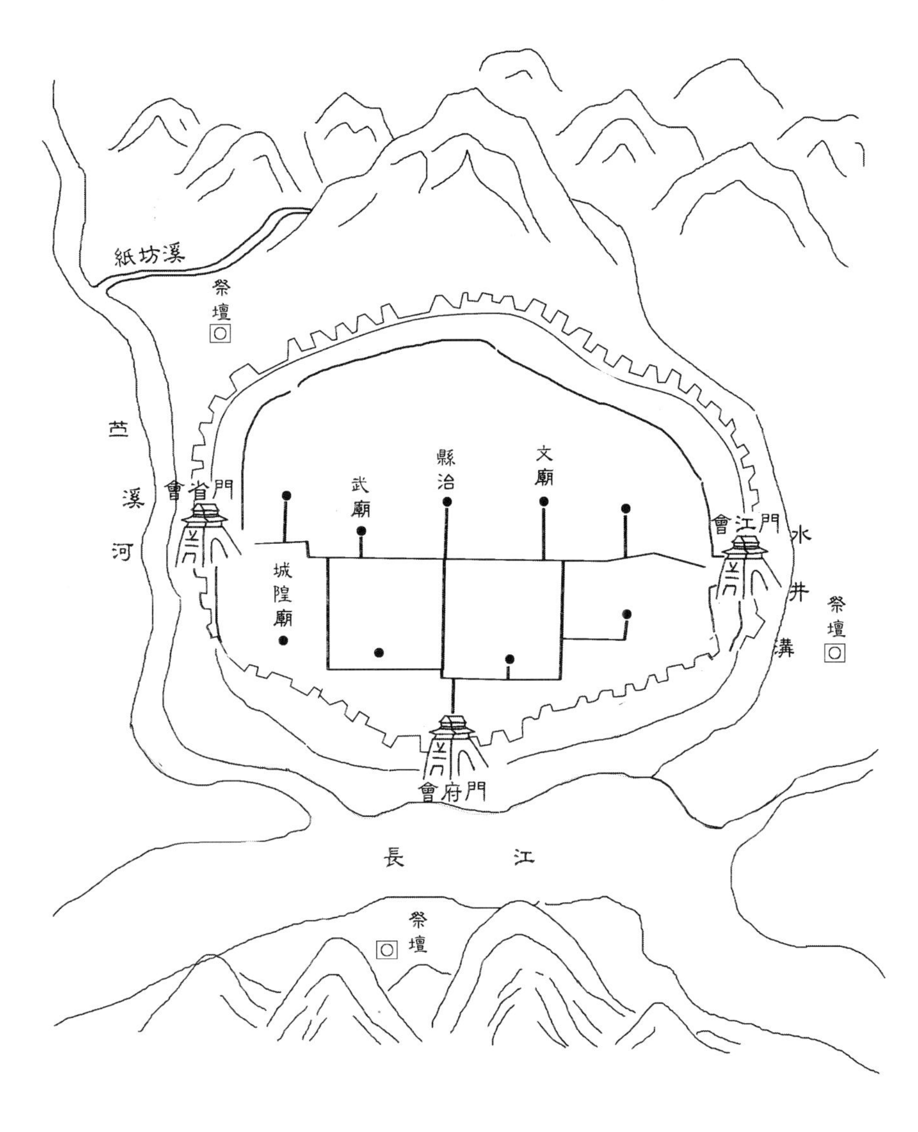

明代山水环境

清康熙和乾隆年间环境空间

万县曾以其特殊的地理位置成为防守重点。康熙年间开始在城外西边设置梁万营，每汛人数常多达60人左右；古城城墙重建，在原基址向北移动；县署位置从居中偏北到居中偏南，其旁建防汛局以负责管理和解决水患问题；文庙位置移至署北，同时文庙左右新增明镜堂；西门附近新增城隍庙。根据阴阳五行学说，东方为阳，五行属木，喻文，因此城东侧庙宇以文庙名之，城东有文昌宫；西方属阴，为武，五行属金，故与之相对设有武庙。此时的城外，西岸新增许多建筑。总体上看，此时的城市空间开始向城外和城西扩展。[2]

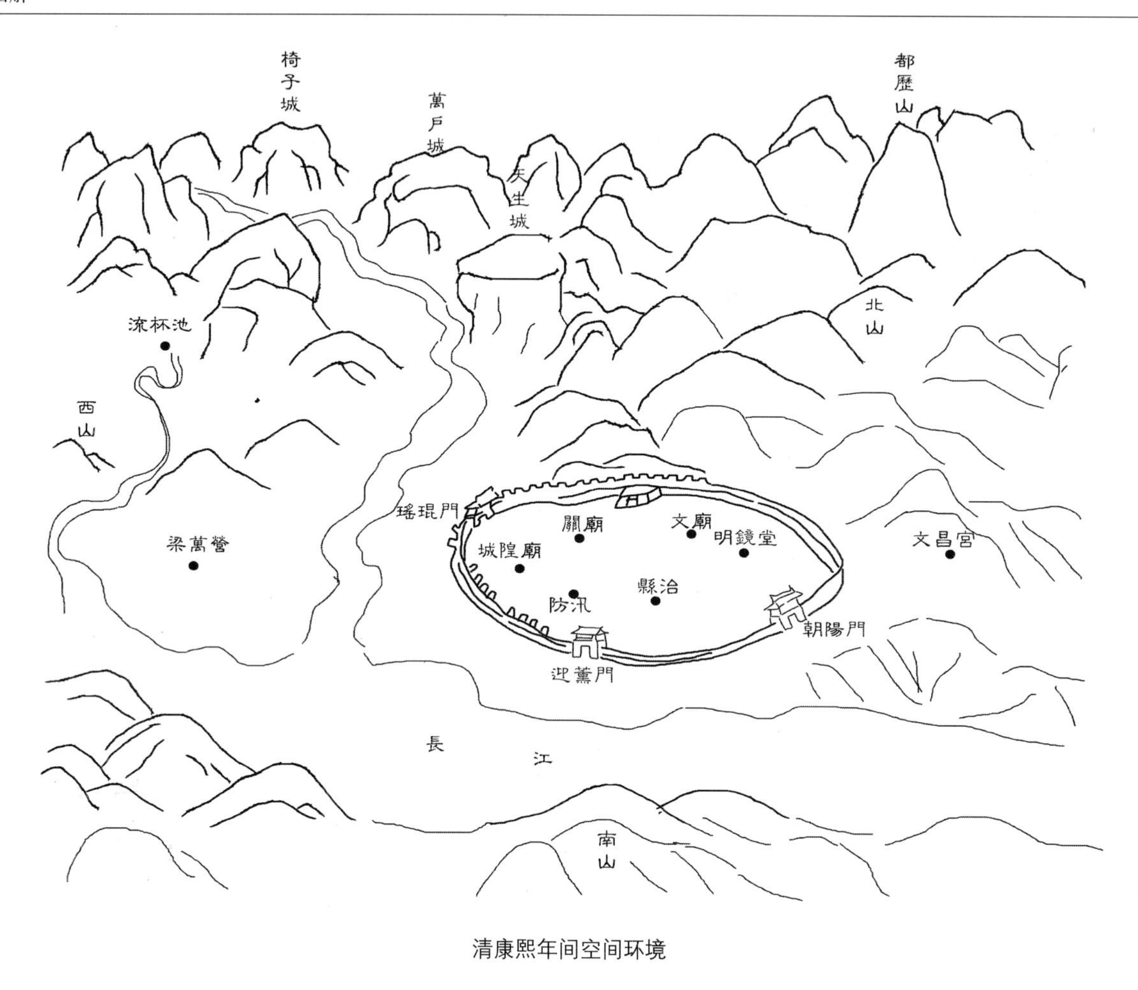

清康熙年间空间环境

至乾隆年间，城外官私建筑增多，城区规模逐渐扩大，东、西、南三个方向的城门分别更名为朝阳门、瑶琨门和迎熏门。城门更名依旧符合阴阳五行的风水方位：东方意文、礼，属阳，故名“朝阳门”；“熏”意指南或东南熏风，暖和，故以“迎熏门”名之；“瑶琨”指美玉宝石，意为西方的昆仑山仙池，命名“瑶琨门”。另外，万州古城内还有利济池，位于北方壬癸的水位。

清同治年间环境空间

清同治年间，将南门“迎熏门”更名为“正熏门”，并在城的东南、西南方向增设小南门和小西门，注重对生气的引导，调节城市“气态”。

城池空间环境格局更趋完善，依据古城地势，在北布署用于军事防御的故城，占据城池较高位置，控制全城。城内布置有较多的人文和宗教建筑，如县衙、文庙、武庙等政治宗教礼制建筑等；城外有文昌宫、城隍庙、火神庙、禹王宫、万寿宫等许多祭坛建筑。古代城市布局在遵循阴阳五行风水观念的同时，也包含中国的礼制思想“匠人营国，方九里，旁三门，国中九经九纬，经涂九轨，左祖右社，前朝后市”。即在宫殿左前方设祖庙，供帝王祭拜祖先，是天子的祖庙；在宫殿右前方设社稷坛，供帝王祭祀土地神、粮食神。阴阳理论中文属阳，武属阴，因此在城内东面设文庙、圣庙、学署，在城外东方设有考棚、万川书院、文昌宫、学署等文化性质的建筑与环境，其中“文昌”是指文昌星，又称文曲星，是主宰文人命运之星，城池坐北朝南，文昌位在东北，故文昌宫与书院等集合布置在城池东北方；而西方则设武庙相对应以取得阴阳平衡，且都司署（康熙年间的梁万营）、校场等武、义属性建筑则位于城池西侧。

狱庙是关押犯人的地方，居于城东，以立文，意使犯罪者受到洗礼，改造自己，重获新生，增强他们的信仰，使城市发展和统治者的管理工作顺风顺水。考棚是古代科举考试时的考场，风水方位为东，故此时新增考棚和书院的位置临近文昌宫，加固气势，有助文风兴盛。社稷坛用于祭祀社和稷两位神，社是土地神，稷是五谷神，两者是农业社会最重要的根基。祭坛建筑多位于城西，符合传统城池的建城思想；对于万县来说，先农坛、厉坛，则位于古城西方之阴位。厉坛是祭祀孤魂野鬼的坛，《春秋传》曰：“鬼有所归，乃不为厉。”先农坛是祭祀先农神的祭坛，先农为国六神之一。

纵观历史的发展，城内各类建筑虽位置更改、迁移，但所处方位不曾变动。古代的历代官府均注重风水环境空间格局，历代县署均居于城池靠中心位置，取正南向。“万县知县署康熙六年知县王隆祚重修，县丞署在治西，典史署在县署大门内东，庫狱俱在县署内，常平倉在县署内，集贤仓在县东五里，嘉庆十年移建治北学署后，训导署在治北，梁万管都司署在城外苎溪河西，雍正十年设”。[10]

清同治年间空间环境图（据清同治年间万县志城池图编绘）

历史万州环境空间发展

清代时期城池空间

中国传统文化强调“天人合一”理念，主张顺应自然，并与之融为一体，书院寺观多建在山川形胜之地，具有良好的气场和灵气。其中，书院是儒家传道、授业、解惑的地方。风水格局中的案山具有朝拜之意，如同官场的群臣俯首，因此书院的案山选择极为重要。

万县城池的书院在选址时没有笔架、笔锋等案山，故在与之相对的地方——城东翠屏山顶建了文峰塔，与文笔山（都历山）相对，以象征笔锋，构成风水中的吉形模式。另外，由于万州山水形胜存在青龙文峰的不足和缺陷，清代冯卓怀任万县知县期间，认为洄澜塔位置较低，气势不壮，虽万邑山势磅礴，但却文气微弱，难储文才。鉴于此，冯卓怀倡导乡绅富贾集资，于同治八年（1869年）在翠屏南山修建文峰塔，立于长江之滨的翠屏南山之巅，以示振兴万州的文风，并镌刻石碑祈祷“使更多的后人高榜登甲弟，显官居要路，或在封疆，或在匡君，或在養民，或在尸祝，或在口碑，或在文教，或在史传……一枝高插天表洵巨观也，从此人文蔚起中第宏开”，并命名“文峰”，祈祷文风昌盛、文人兴起、状元及第、人才辈出。塔前石碑上文曰：“而乃由无文笔一峰故人文之英华无由显也。”[①]在过去的清晨，自万县古城向东遥望，太阳恰好从文峰塔附近冉冉升起。文峰塔顶旭日东升，格外具有诗情画意。

万州城面向长江上游方向有巨大的盘龙石突入江中挡住激流，形成水口双颊，江水流经以后骤然变缓，在这里形成回水沱——水井湾码头。城下游大片的卵石滩——红沙碛挡住江水又形成回水沱——聚鱼沱。下游南岸翠屏山根伸入水下，形成水口龟山，再建洄澜塔闭锁水口，弥补“江水奔流东去”的缺陷，形成了江溪环抱的回水明堂。

古城朝山——翠屏双塔（模型）

① 据万州文峰塔下立石碑撰文摘录。

万州古城呈迎水局和顺水局的现状，加之大河江水奔流，决定了其与水患的瓜葛，这在古代城市营建中必须注重防治水害。万州古城池自建成以来，屡建屡毁，明成化二十三年（公元1487年），知县龙济续修城高为一丈二尺。正德六年（公元1511年）知县孙让增高三尺。嘉靖二十三年（公元1544年）扩大城垣规模，知县成敏贯重修周围五里，长九百丈，高一丈五尺，设三门（会江、会府、会省）。明万历三年（公元1575年），大水，临江一带城毁。[3]

署印主簿主帜重修，用石甃（音胄，即砖）砌。清乾隆三十四年（公元1769年）知县刘文华、肖一枝先后修竣扩建石城，周围长三百二十六丈三尺六寸二分，高一丈五尺。乾隆五十三年（公元1788年）六月二十日大水（水位约152.37公尺），城东南（今东南堡坎）一带城垣淹坍八十七丈五尺，臌裂三十八丈，续坍二十九丈七尺。[2]乾隆五十四年（公元1789年）知县孙廷锦劝

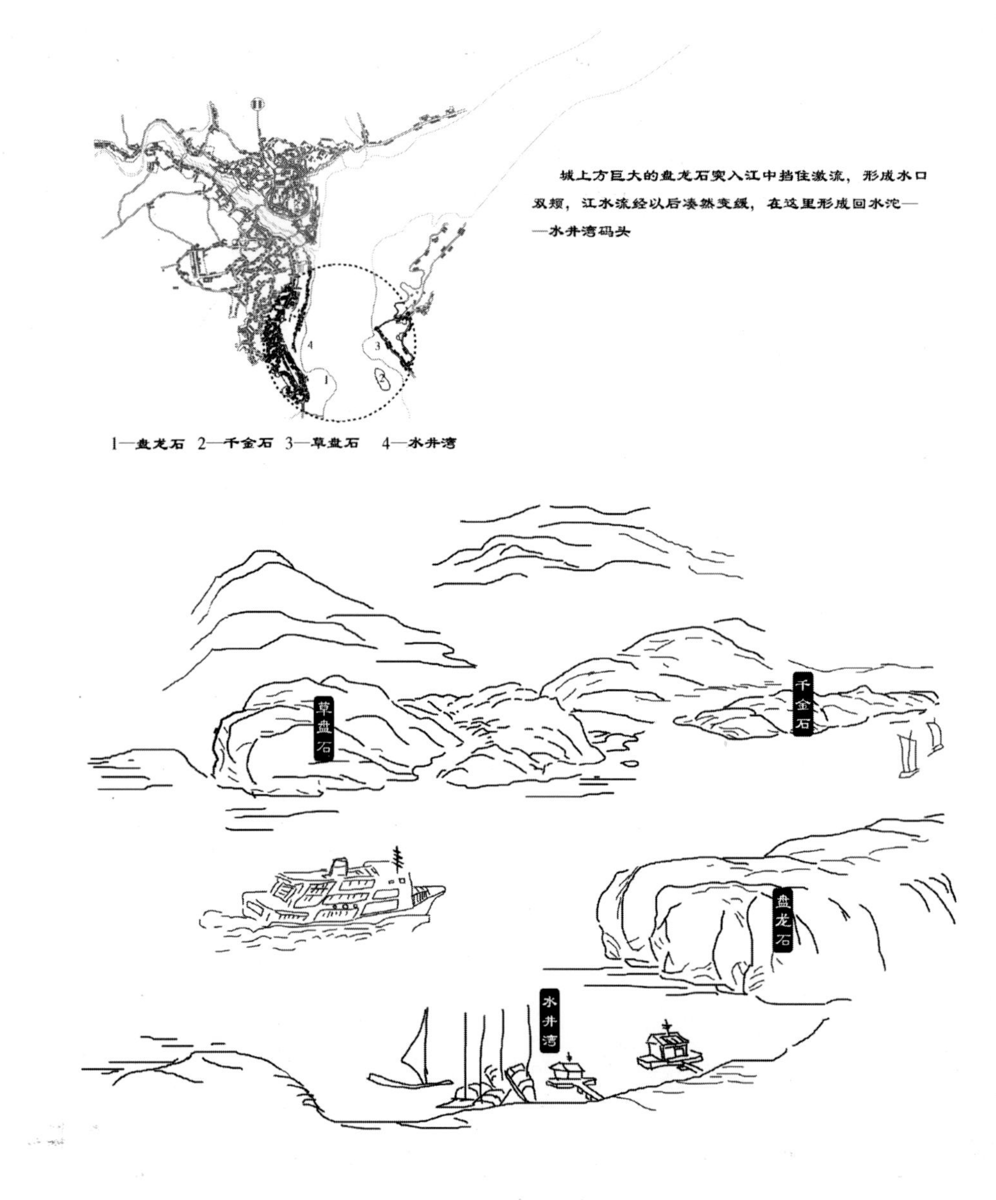

水井湾回水沱空间示意图

捐修复城墙前后，山左边有小溪，右有苎溪，所以没有设城池。因此，古老的万县自形成便与防洪结下了不解的渊源，历代知县均整石垫基，维护城墙以防洪灾。

民国时期城区空间发展

万州是一座山城，也是一座江城，自然环境对其城市的发展具有决定性作用。受山水格局影响，民国初期万州的城池空间布局紧凑，随着开辟商埠以来，加上得天独厚的地理优势以及长江沿岸航运的蓬勃发展，“万商云集”使其城市发展步伐加快，城市面貌不断更新。在此时期，社会性质的变化促使其经济的同时产生了深刻变化，尤其西方思潮对城市建设的影响，城市空间形态也随之发生变革，表现为城市规模摒弃城墙，扩大沿长江沿岸发展，此时万州城市的发展更体现了其与自然环境的关系。

从风水角度看，万州的城建由山水空间模式逐步走向秩序化，通过空间由内向外的发展实现其对气场和视线的引导和空间的过渡，此时的山水空间表现出流动和渗透的特征。主要道路呈网状-树枝状布局，注重视线对景的处理和山水引入，其格局无处不将自然山水纳入布局构思之中，形成与自然山水有机协调的城市空间格局。

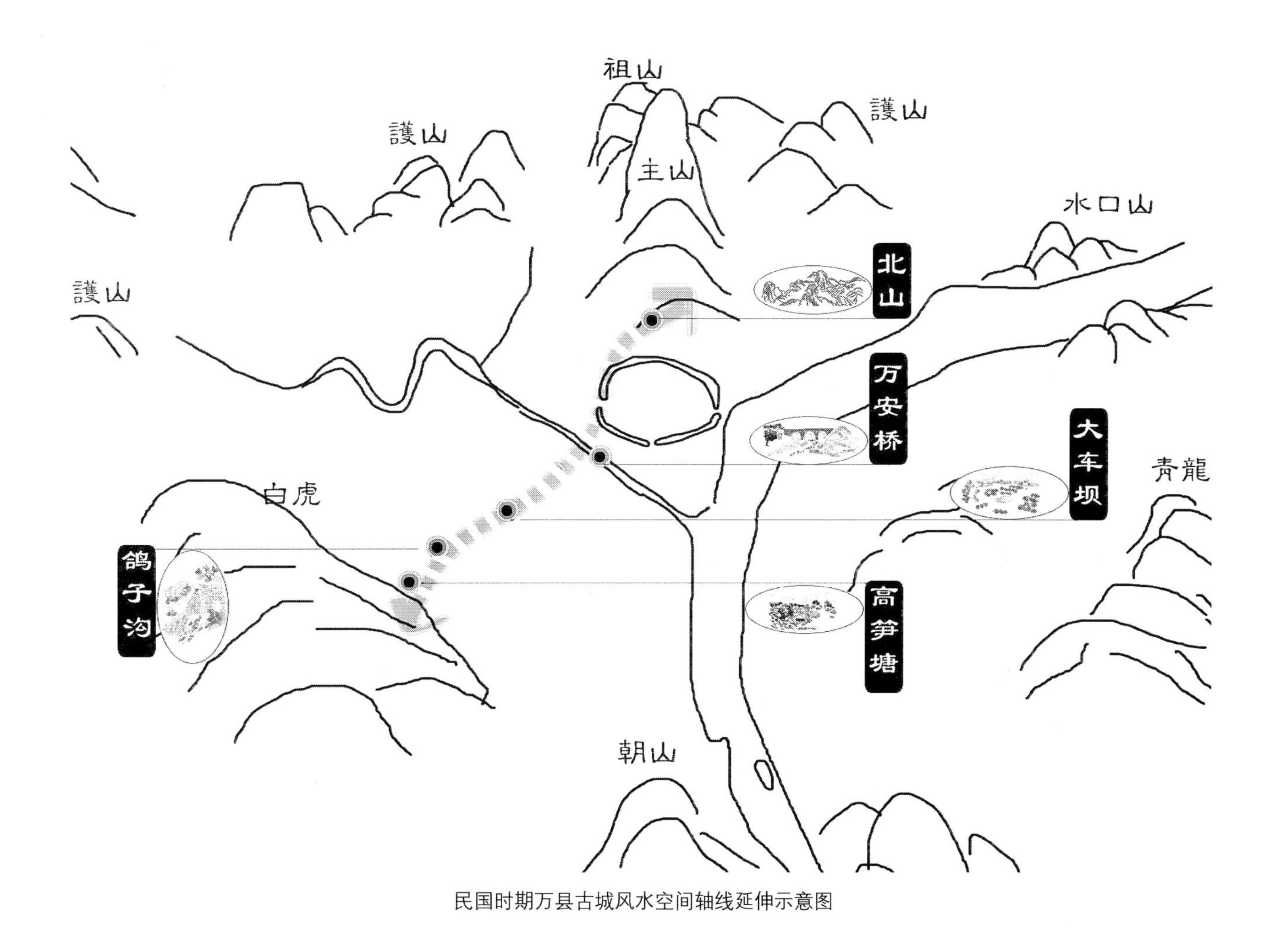

民国时期万县古城风水空间轴线延伸示意图

在万州，城区空间的延伸一般有两种方式，一种为构筑实体围合的直接引申，如街道、院落的连接和交汇；另一种是心理感受上的空间引申，如视觉、视线的对景与转换。杨森进驻万县后，面窥旧城狭小，不足以聚众，于民国十七年开始进行大规模的市政建设并规划新城，在此基础上整修马路，修建对外交通——万梁马路，兴建万安桥、福星桥，开辟钟鼓楼、南津街两处市场，兴建西山公园和钟楼，使万县的城市面貌焕然一新。通过修建环城路、一马路、二马路、望江路等，实现了视线延伸和导引，并与周围环境空间相互渗透和联系，使环境空间有序列地向四方生长。这种序列性的向导促使空间呈现出有机生长的特点，增大了有效的景观环境空间，加上自然山水的围合，创造出了轻松的心理感受和视觉空间。杨森治下的城市建设依然遵循风水格局的变化进行新城选址。新城尽管选择在西山山麓，坐西向东，但依然位于长江北岸的阳位上，山环水抱，左以天生城为“龙”，右以白虎头为“虎”，以北山、翠屏山为朝山，所夹长江去水水口山、文峰塔为对景。确立这一时期的风水空间轴向转为西南延伸，形成西南—东北的风水轴线：以北山—万安桥—大车坝—鸽子沟—高笋塘为新城发展轴线；同时沿环城路、二马路、三马路为横轴空间的对称延伸，依山傍水，贯穿整个城市发展的轨迹。万州城市也因此沿着此路网发展并影响至今。人们居于此时的万县，可感受到环境带给人的身心舒畅，即山水与人的发展息息相关，直接影响人的“气”和“质”。古万州也因此博得了现代民众的怀念和喜爱。

空间的渗透主要是对外气的导引，对地灵之气的补充，从而平衡阴阳。城市空间环境主要表现为人工环境要素和自然要素的穿插和开敞空间的设置。一方面，城区内一些标志建筑物以及公园、路桥的开辟与建设考虑到与外部山川的联系，引风导气，调节城市气场。另一方面，以三合院、四合院布局的院落空间，通过合理的布局阻滞煞气，引导生气，寻求天气和地气的阴阳交融，呈现出透合有致的空间效果。万州在长期的发展过程中形成了大量的四合院、三合院等院落空间，这些传统的民居院落将山水的自然环境引入院落空间，丰富活泼，体现了以“自然、平衡、和谐”的风水理念来调节和改善生活方式和生活质量，创造宜居的生活环境。

万州城市依赖山水环境形成了特殊的街道形式。在坡度较大，城市临近河岸的地方，建筑高低起伏，错落有致，形成丰富的整体空间层次。在街道与街道的衔接空地，一方面可将万州优胜的山水自然环境纳入眼底；另一方面，此区域往往会成为商业、娱乐活动集中，人流汇集，生气旺盛之地。

万州常年的主导风向为东北风，夏季炎热、风多、雨量充沛，这就导致很多传统街道顺长江方向布置，夏季导风，也可从江上导入水陆风，引风入城，聚气、迎纳生气，为人们的居住和生活提供有利的健康的生活环境。

中华人民共和国成立初期的环境空间特征

中华人民共和国成立后，和平的社会环境使城市的发展达到了一个新的高度。20世纪50年代万州进行了较为系统的城市规划。

通过改造环境，创造有利的生存条件适应城市建设发展，合理布局城内各项设施。20世纪50年代，万州于城区内轴线上一重要节点——“车坝”修建开阔的景观空间——和平广场，发展城市用地的同时使其更好地起到“通气”“纳气”的作用，保持城市活力，将原本缺少生气的不利场所通过营建好的景观转化为有利的环境场地。在后面几次和平广场的改建中，逐步重视绿化，使环境空间具有良好的发展态势。这个时期及其以后，万州的城市建设更加注重功能的组合和运用，风水和环境要求渐渐淡出了人们的视野。[11]

民国时期万县古城环境空间模型（1924年）

20世纪50年代的万县市环境空间①

现代环境空间

随着新思潮的出现以及人们思想多元化的发展，风水一度被认为是封建迷信而遭到唾弃。而如今万州的环境空间形势也凸显出一些城市弊病，城市化建设带来的环境污染、环境空间消失的问题日益突出。这有城市建设和改迁的原因，但更重要的是人类在整个环境大发展之后，尤其是生态和工业的发展不均衡，没有更好地注重环境空间大格局的影响以及生态场的协调，所以导致了这种失衡。

万州由于地处三峡库区腹地，因库区蓄水，曾经“万川毕汇、万商云集”的生态地理与环境空间受到较大影响，三峡工程蓄水到175米，浩淼的江水淹没了大半老城区，对历史万州城市空间保护以及现代城市空间的建设产生了一定影响。现如今的万州城市空间格局用地紧凑，呈密集带状组团式布局特点，山体、水流将城市各区域分隔的同时也将其相互联系，从而达到城市功能空间和环境空间新的平衡。然而，优美的外环境山水格局依旧，但历史万州原先许多优美的被古人称赞的生态和名胜遗迹的“点”空间和“边缘空间”的景观视线却在逐渐湮灭。

太白岩鸟瞰万州（2016年）

① 重庆市万州区博物编. 沧桑万州（近代篇）. 武汉：长江出版社，2011.（因和平广场此时已建成，图片中的城市空间环境应该为20世纪50年代初期）.

逆向空间概念及特征[12]

“逆向空间”（contrary space sequence），是一种中国山水思想影响下的传统城镇景观空间组合的设计理念和方法，主要针对历史文化古城镇的城市景观空间环境进行研究。[12]

依照逆向空间原理，一座城池的形成首先依附于外部环境景观空间的存在，且限定和影响内部景观空间的构成，从而形成城镇内外景观空间延伸及其空间组合，具有一种中国传统城镇空间的有序组合特征，强调天、地、人、情和谐交融，自然环境与人及人造物体之间必须有一种宜人的关系。这无疑与中国数千年城池、村落选址文化有着必然联系。其内部空间的转折、阻滞、交汇等形式多变，宅与巷、巷与人之间的尺度宜人，更多地融入了人的行为和感受，共同组合成丰富的空间环境。

逆向空间景观由表及里，空间构架巧于因借，充分利用城内外景观联系构建不同空间形态集合，展示空间层次，依赖自然环境来决定城镇环境空间的生长序列和规律。

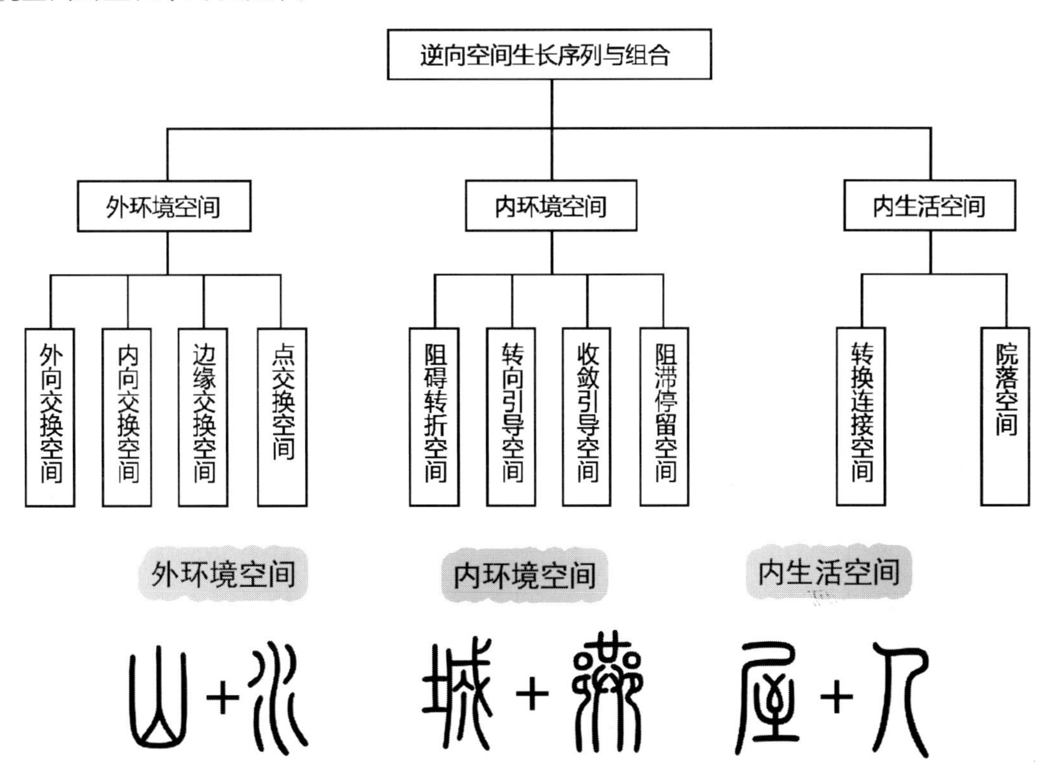

转换连接空间
转换连接空间连接各个院落

院落空间
院落空间私密度最强

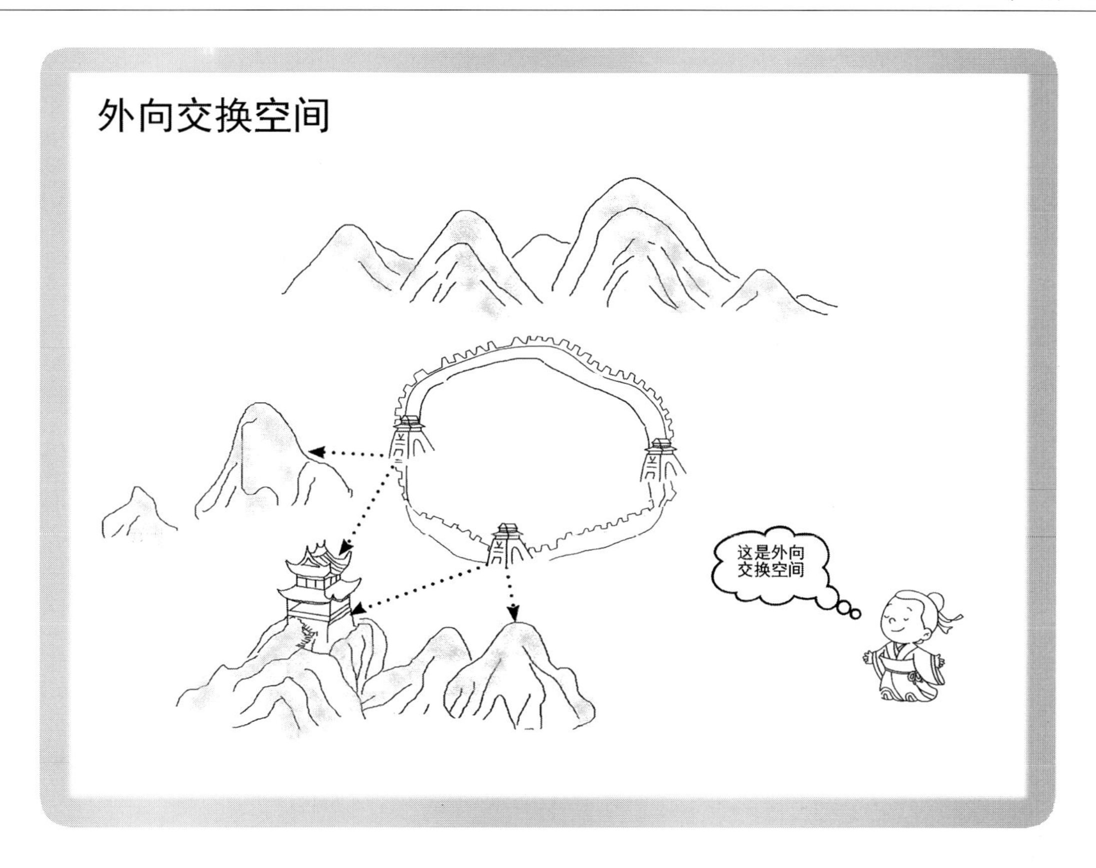
外向交换空间
这是外向交换空间

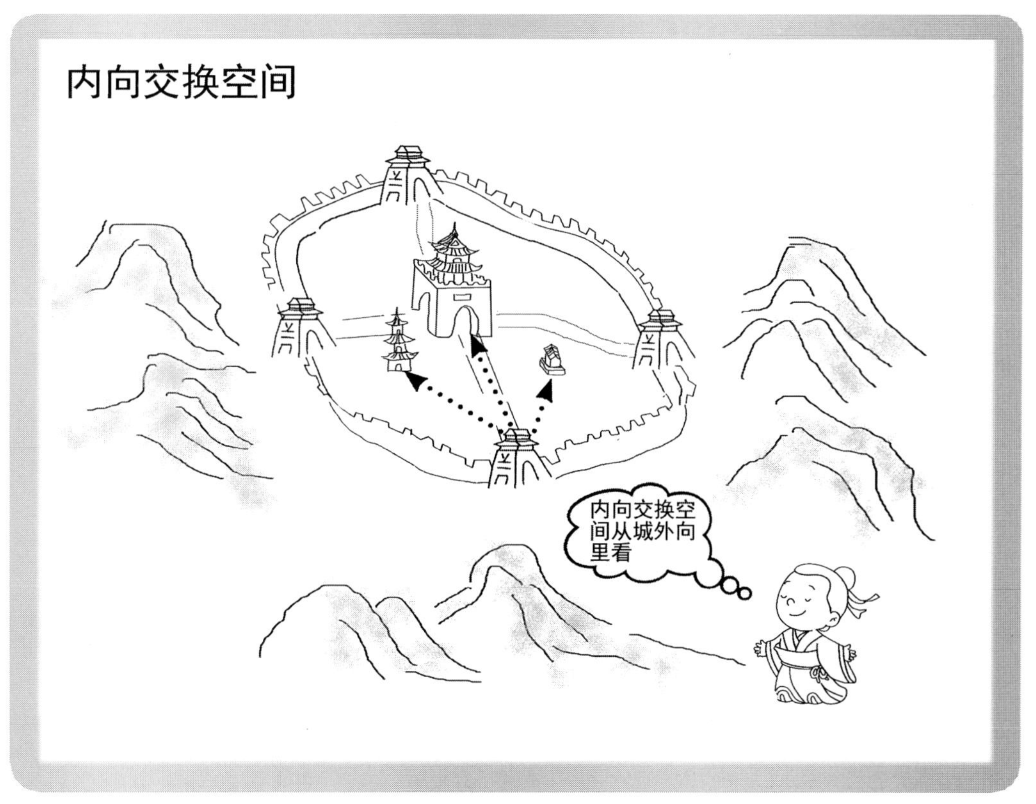
内向交换空间
内向交换空间从城外向里看

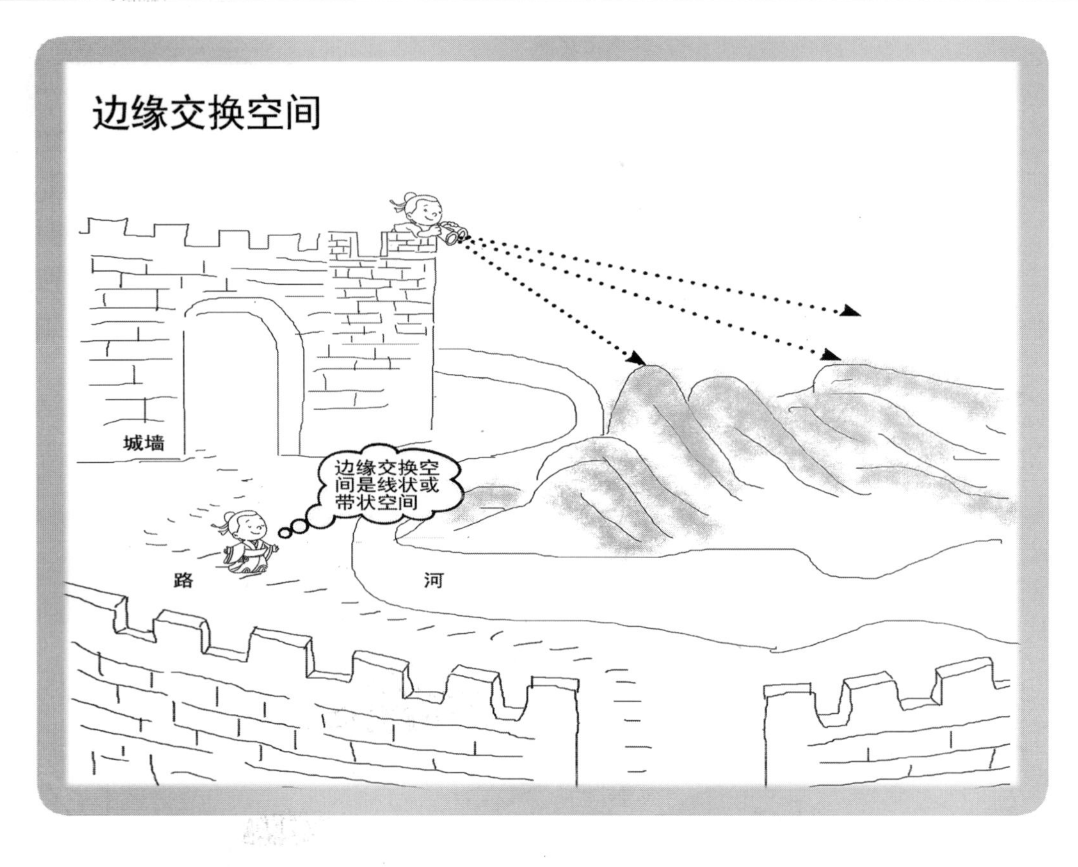
边缘交换空间
城墙
边缘交换空间是线状或带状空间
路
河

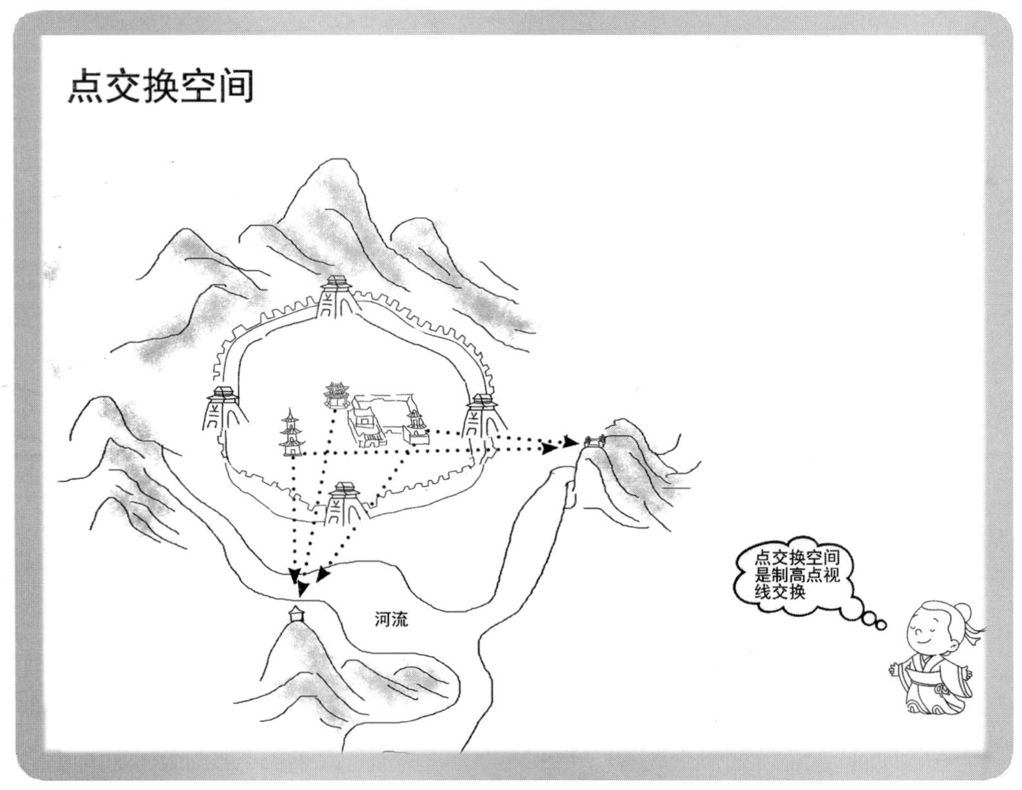
点交换空间
点交换空间是制高点视线交换
河流

阻滞停留空间
阻滞停留空间提供休憩功能

阻碍转折空间
阻滞转折空间多为“T”或“L”形路

收敛引导空间
收敛引导空间收敛视线

转向引导空间
转向引导空间引导视线

万州古城环境空间类型特征[①]

外环境空间

外环境空间包含周边环境和城池围合边缘或城内制高点与入口空间。依赖于古城镇特殊的地理位置和自然景观环境，决定城池的外缘格局，如城郭、位置、主要出入口等。它对于传统小城镇的产生以及生长起着决定性的作用，小城镇空间格局的一些宏观特征与它有着密切的联系。小城镇外环境空间包括外向交换空间、内向交换空间、边缘交换空间、点交换空间等周边环境和小城镇边界与入口空间。

外向交换空间

外向交换空间是指设置的出入口及主要视线廊道的对外观景空间，常采用对景和借景手法。如风水选址中的案山、朝山、背景山（玄武山）、水口山等对景以及一些重要方位、古迹和水体空间。

朝阳门（东门）——外向交换空间

① 本书的分析研究均采用明清时期《万县志》中地舆图地形山势及古城位置定位建模，并通过模型取向获取空间类型。

内向交换空间

内向交换空间是指设置的出入口以及主要视线廊道由外对内的观景空间，常采用门墙框对景手法，也属于一个城镇的重要形象空间部分。该空间向内生长，并连接内环境空间的转向引导、阻滞转折以及收敛引导等空间。

正熏门（南门）——内向交换空间

瑶琨门（西门）——内向交换空间

边缘交换空间

边缘交换空间是指内空间的外缘，如河岸、城墙、道路等环带状空间，具有一定的水平视域景观范围，与外环境空间进行景观互换。

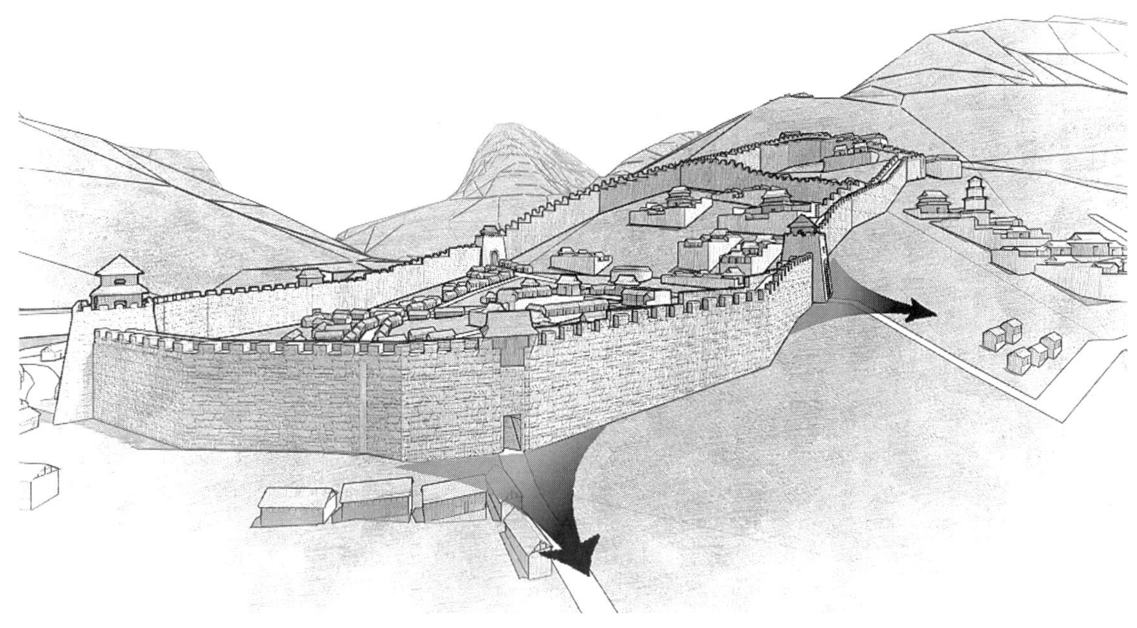

城墙——边缘交换空间

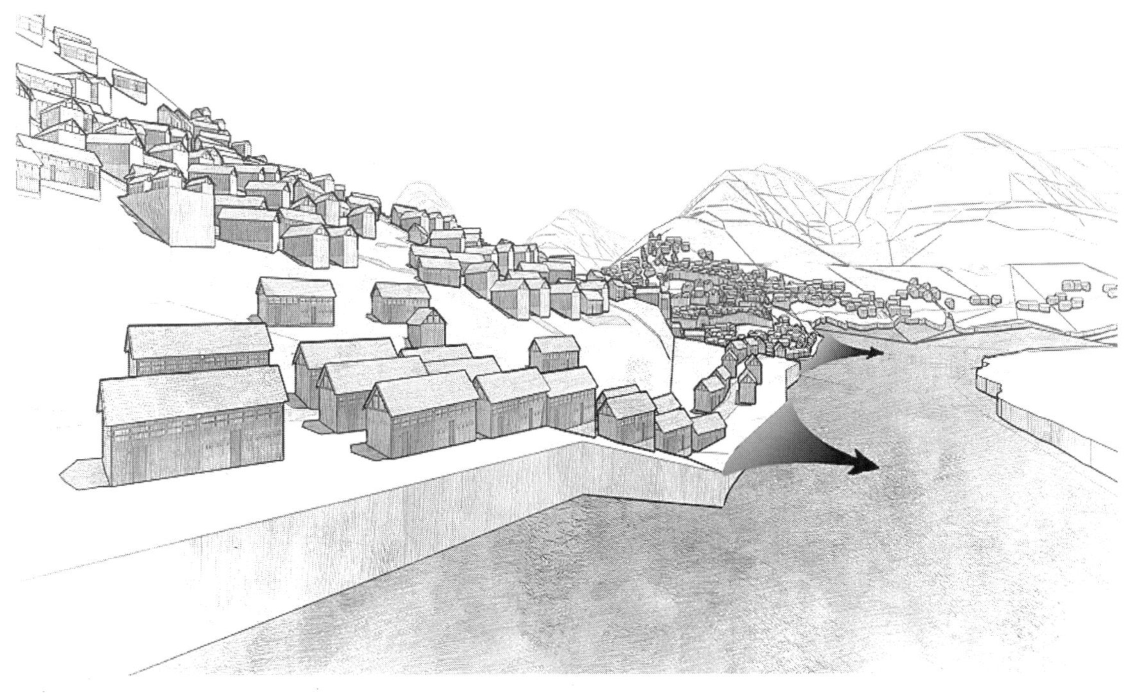

沿江一侧——边缘交换空间

点交换空间

点交换空间是指内空间与外环境空间中亭台楼阁和名胜山川等制高点之间的景观交流空间。

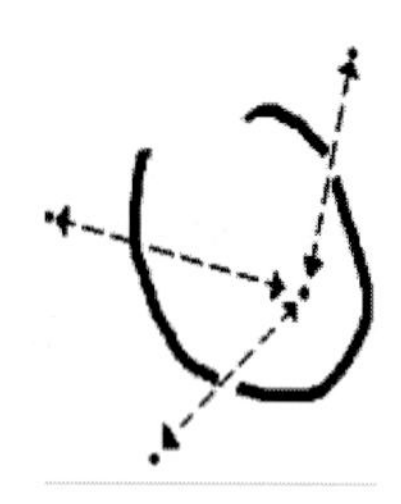

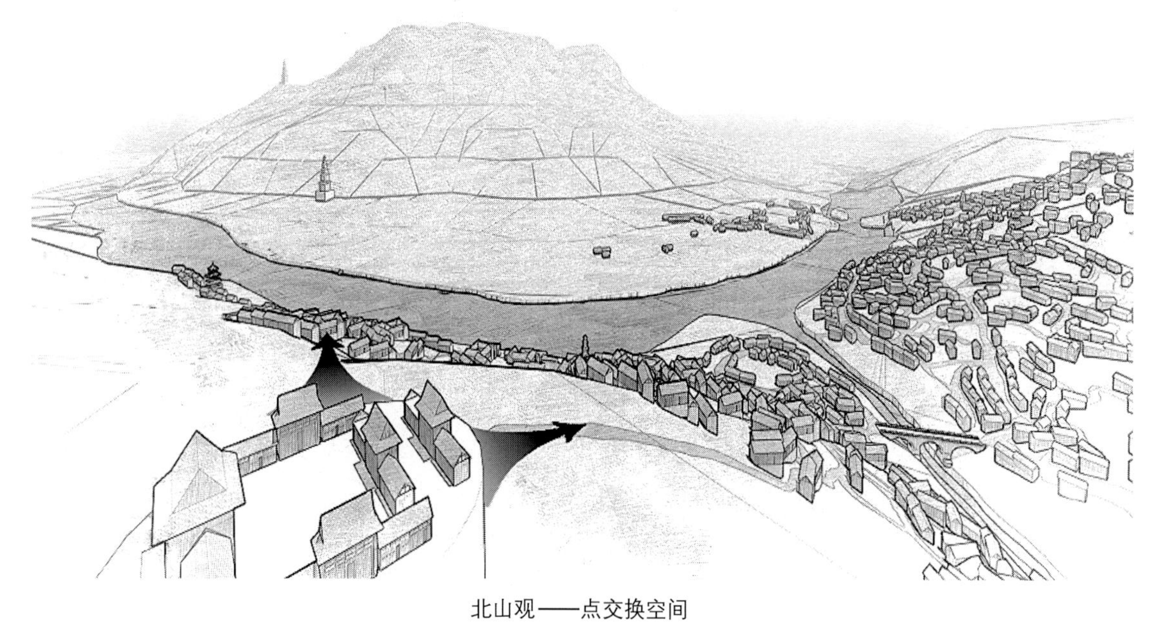

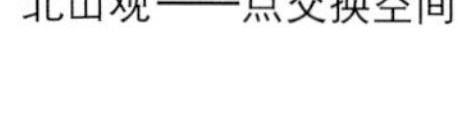

北山观——点交换空间

钟楼——点交换空间

内环境空间

内环境空间受外环境空间影响，是满足城内人们公共行为活动的空间。它相对于外环境空间形成城池内部骨架。根据内向交换空间的位置确定内部道路系统的节点、格局以及公共空间、生活空间。内环境空间包括阻碍转折空间、转向引导空间、收敛引导空间以及阻滞停留空间等诸多小巷空间组合，提供信息交流、人员交往、行为交通等多种实用功能。[13]

阻碍转折空间

阻碍转折空间因引导同层次空间或回避不利因素需因势利导，采用“T”形 和“L”形道路空间障景阻隔，引人入境，连接主要的街市、广场、码头、娱乐等公共空间。

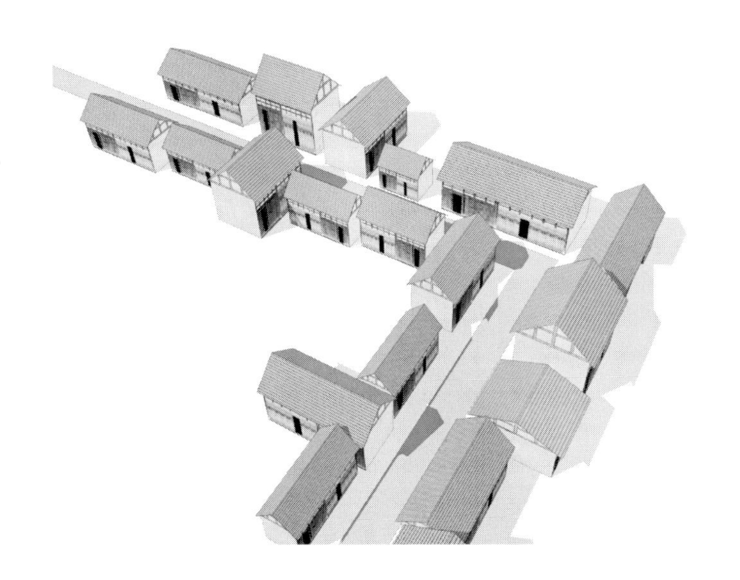

东门——L形阻碍转折空间

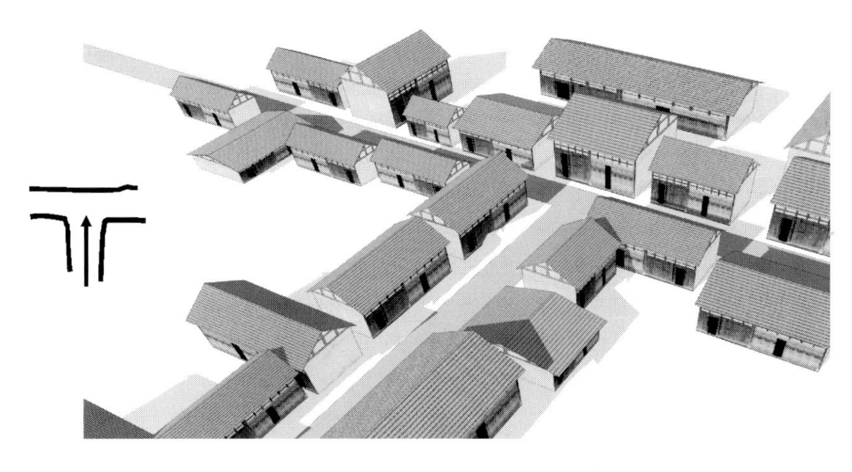

东门——T形阻碍转折空间

收敛引导空间

收敛引导空间是指因山势地形需要回避淡出其他景观因素，利用屋檐轮廓线或夹景，采用长直线街巷向远处收敛于外环境的引导空间。

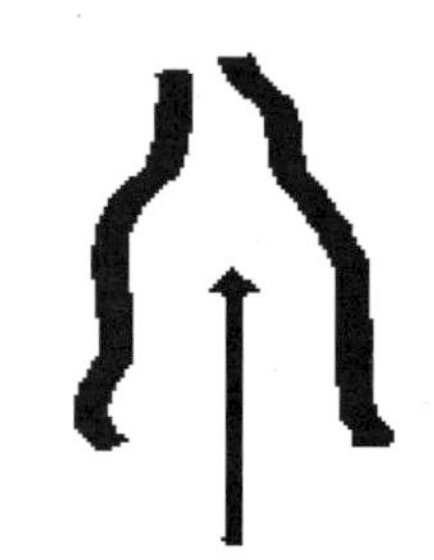

主要码头——收敛引导空间

转向引导空间

转向引导空间是指因障景、隔景或山势地形需要，采用曲线形转向导景或引入其他层次的空间。

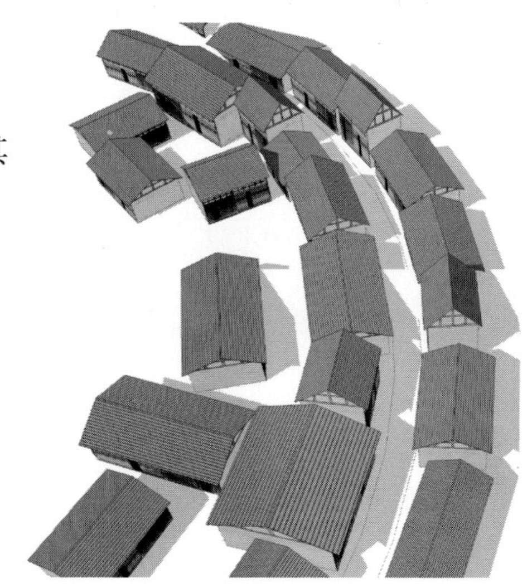

东门——转向引导空间

阻滞停留空间

阻滞停留空间是指临时停留、集会、集市、休闲、庙会、纳凉等公共活动空间。

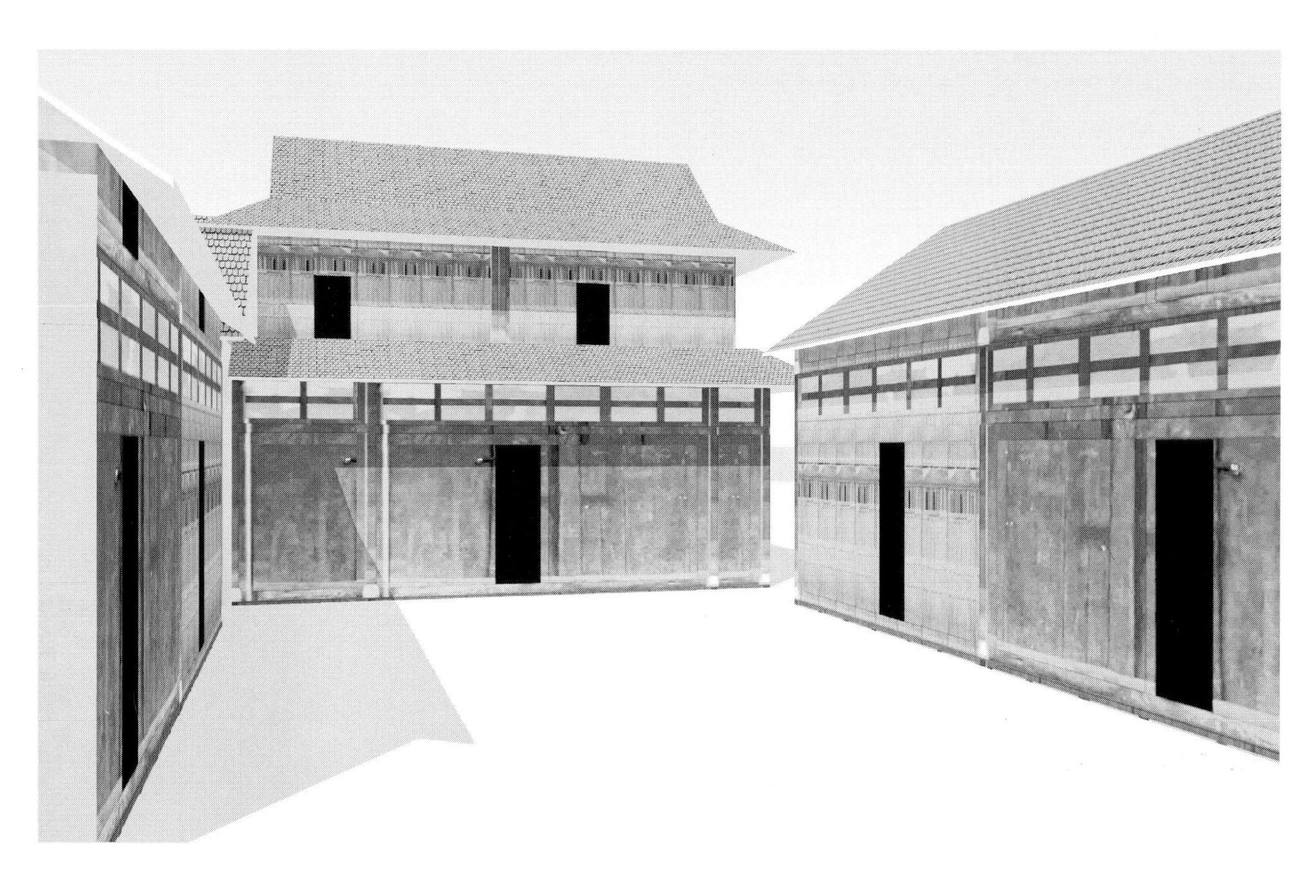

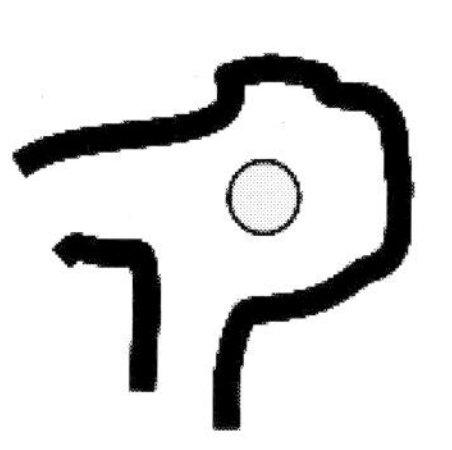

文庙——阻滞停留空间示意图

内生活空间

内生活空间是由公共空间连接并转换到生活场所的空间，指被包围或隐藏于城池内部的居住生活空间，供居民生活使用，包括转换连接空间和院落空间。

转换连接空间

不同层次间的转换连接空间与内环境空间一般为“T”形连接，为院落连接主要街巷的生活通道空间。

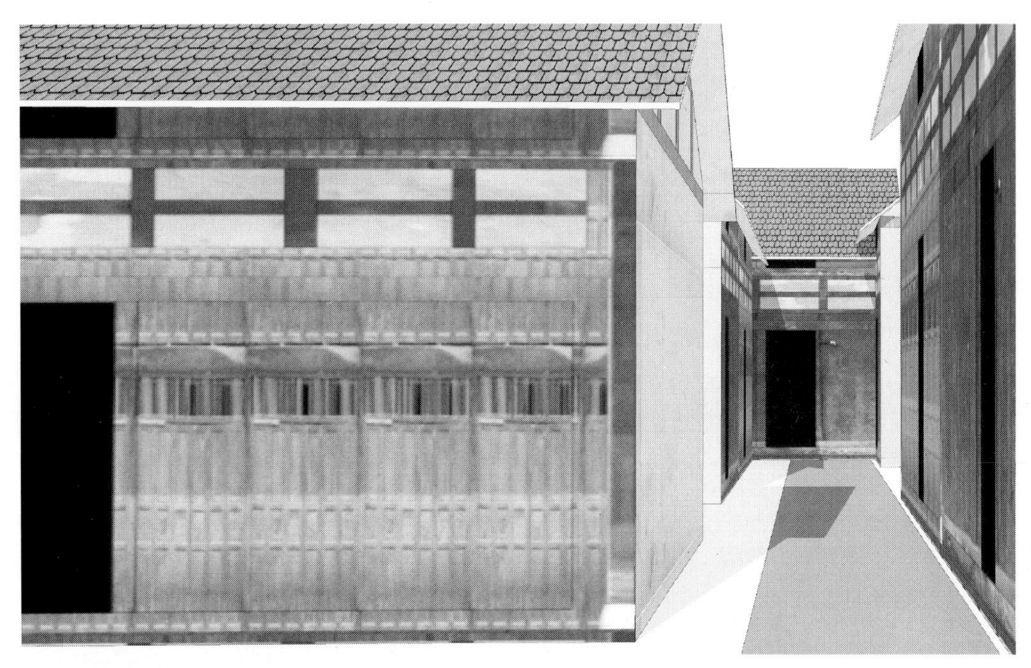

转换连接空间

院落空间

院落空间是指居民私密生活居住的空间。大规模景观型院落可直接连接内环境空间。

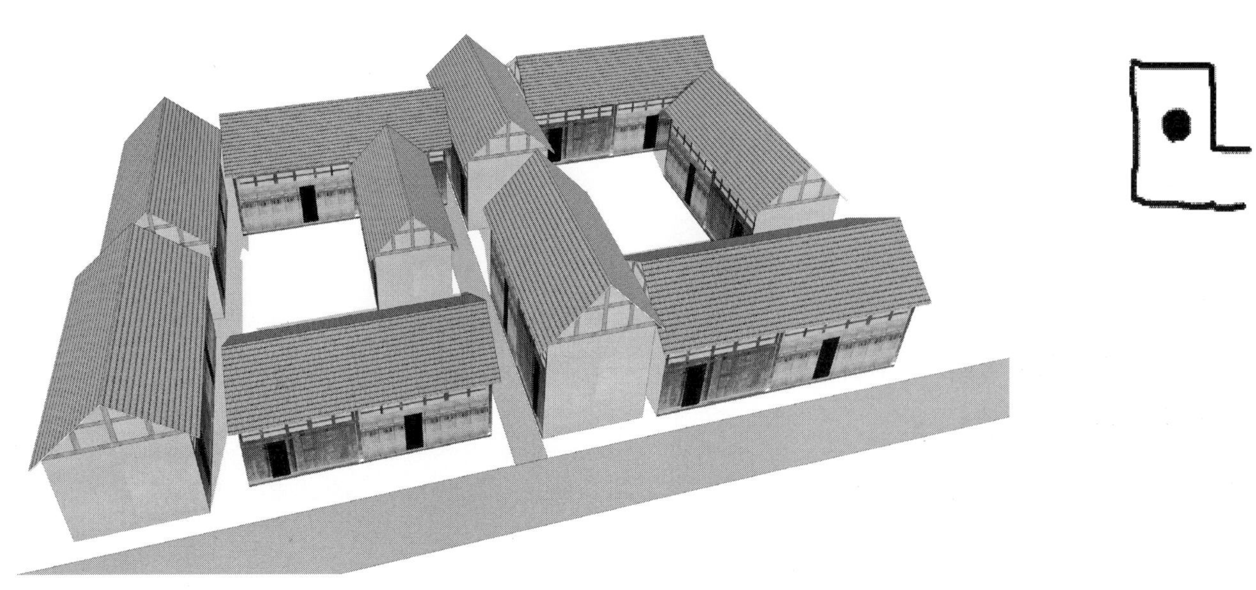

院落空间

主要历史时期城池内部空间演变

明代（正德—嘉靖年间）①

建筑布局

据万县志记载，明代城墙始建于成化二十三年，正德年间城垣长度不详，城高一丈二尺（约3.8米）。到嘉靖年间，万县城垣扩建至九百丈（约2880米），增高至一丈五尺（约4.8米），整体遵循《周礼·考工记》“五门”“三朝”“前朝后寝”“左祖右社”“面南背北”“王者居中”“中轴对称”等建城规矩。历史上的万县古城也形成了中轴对称的布局形态，但由于地形限制，城池形状并不十分规矩：城内有东、西、南城门三处，名会江、会省、会府；公共建筑空间主要由坛庙祭祀和衙署办公等建筑组成；县治位于城中心，左右各布坛庙，东侧建筑有棂星门（文庙）；根据清代后期地图推测城隍庙位于西南角；城外西北、东南和正南三处分布有外方内圆的建筑（祭坛）。明代正德至嘉靖年间城外的民居大多沿江布局。

道路格局

主路：为“一横一纵”的布局形态。“一横”为连接会江和会省城门的东西向主路，在横向上保证城池的通畅；“一纵”是连接县治和会府城门的南北向主路，在纵向上保证了城池和长江的交通连接。

次路：通往各处重要空间节点，遵循横平竖直的规则布局。由于地形限制，南北道路略有错位，与主路形成树枝状布局。东西向主路以北均为尽头路，末端通达各公共建筑；主路以南，从西经城隍庙和会府城门到达县治，形成环路。

明代正德至嘉靖年间的城池主要限于长江以北和都历山以南，城池较小，以九个主要公共建筑形成的点空间和围绕公共建筑形成的街巷式空间为主。

① 历史时期的选择是根据相关万州地方志所能反映的古城空间变化特征的时期来确定的研究对象。下同。

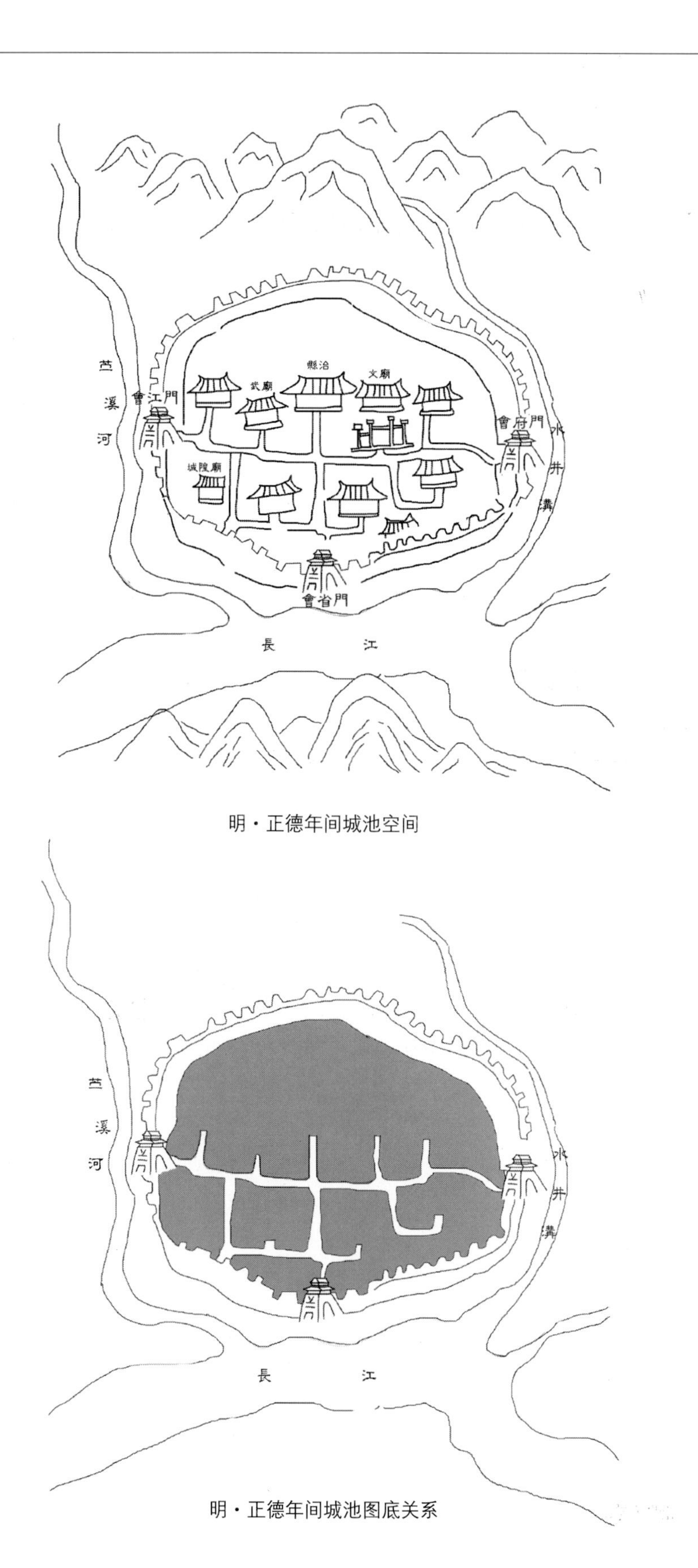

明·正德年间城池空间

明·正德年间城池图底关系

清代（康熙—乾隆年间）

建筑布局

清康熙年间，万县城池的重建使其内部布局发生了明显变化。东西向主路以北，从西至东依次为关庙、文庙、明镜堂，南部依次是城隍庙、防汛局和县治。县治居城池中央道路轴线南侧，便于城池管理，且便于交通运输。文庙位于城东（文），关庙位于城西（武），与风水方位吻合。明镜堂取意“菩提本无树，明镜亦非台”的佛语，当是寺庙之类的建筑。民居依然沿城池以南围绕公共建筑分布。

道路格局

主路：呈“一横一环”的布局形态。“一横”依然连接会江门和会省门；“一环”连接城隍庙、防汛局、县治和东西向主路，使南城区居民生活更加便捷。

次路：与主路共同形成树枝状道路网，尽端分别与六个公共建筑相接。

城廓为不规则椭圆形，主要分布有七个点空间和街巷空间。乾隆年间，城池格局变化不大，主要对城墙进行加固和修复，城池空间范围有所扩大，主要表现为城南居民生活空间的生长。[14]

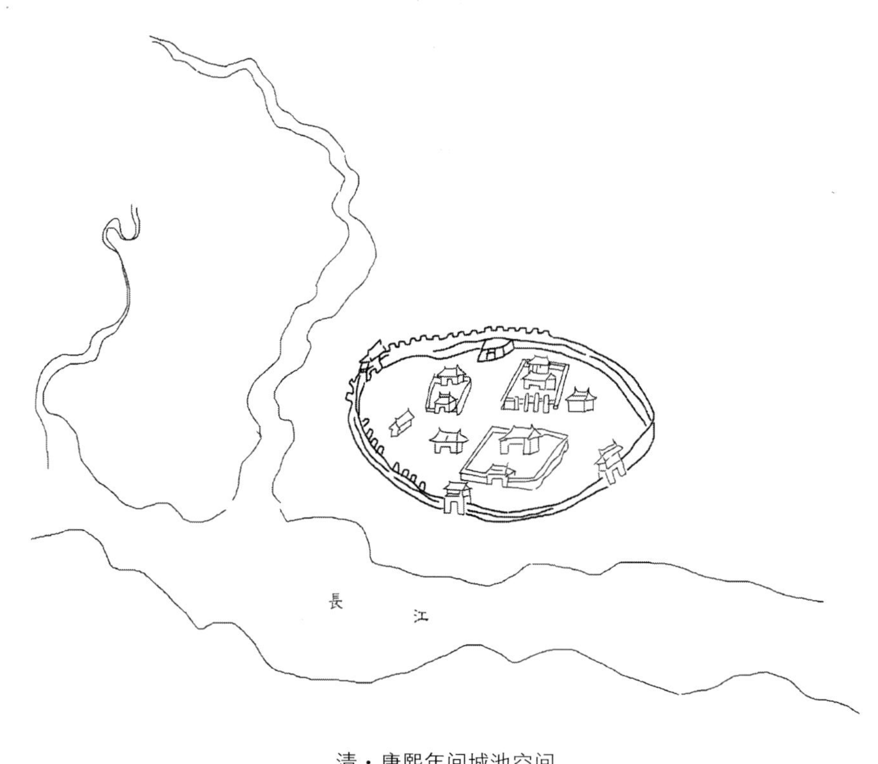

清·康熙年间城池空间

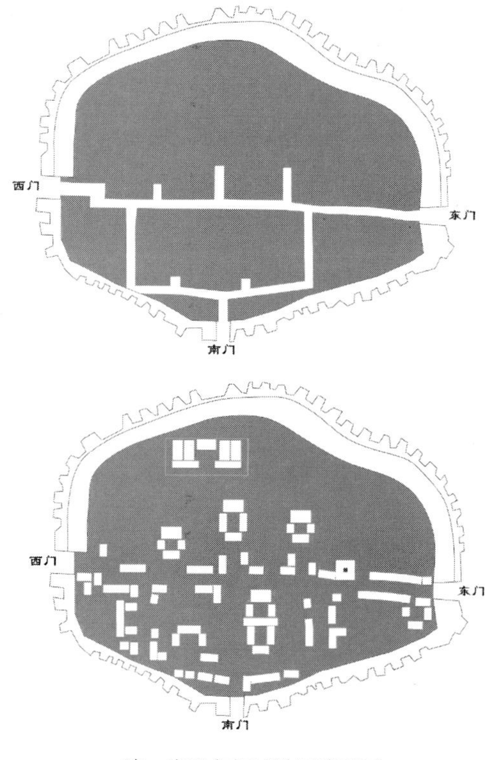

清·康熙年间城池图底关系

清代（道光—同治年间）

建筑布局

清・同治年间城池空间

清道光至同治年间，古城建筑布局变化不大。在城中神龙祠后空间增设乡贤祠、名宦祠和孝节祠三祠；城隍庙南边不再设左署（左中郎将官署）。“清同治元年（公元1861年）、同治九年（公元1870年）均遭遇洪水，城池损毁严重，西南城垣十五丈，小西门城垣四十丈，城身厚各九丈，高一丈五尺，并修筑多条堡坎。同时为保护城垣基脚，于东城脚、南城脚修建水沟数条。”[2]古城以北修建了有防御作用的北山石城（今弥陀禅院）。城池布局方面，城墙往北拓展。西、东、南门分别更名为瑶琨门、朝阳门和正熏门；东南开小门以便盐码头和城内联系；西南开小门通过太平桥和对岸都司署联系。城内主要公共建筑集中于中央偏北，“九宫十八庙”形态初具规模，文庙、武庙以北新建仓房，储备粮食；县署东侧扩为厅署；城内为取水，从举人关引水入城，环绕学宫建便民水渠进泮池后汇入利济池[2]；城外东边文昌宫北新增狱庙，旁为万川书院和考棚；祭坛共设三处，社稷坛位于城东北，先农坛、历坛位于城西侧；天仙桥、太平桥和木桥分别联系古城与西岸；西山太白岩下为都司署和南津署。

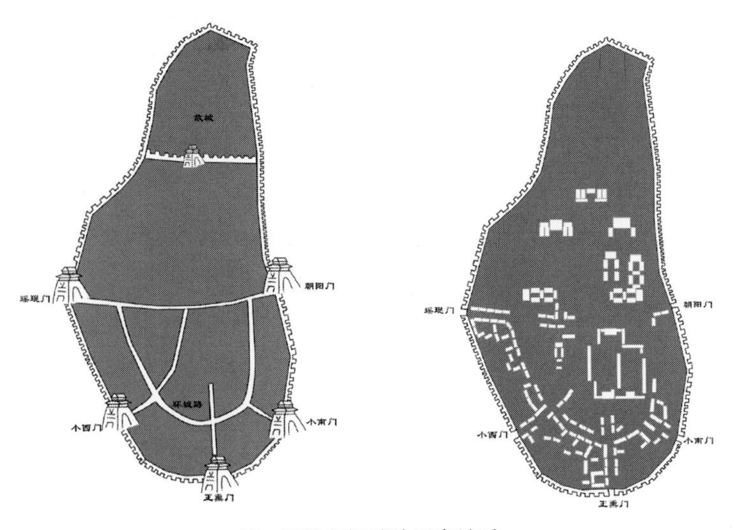

清・同治年间城池图底关系

道路格局

主路：路网格局发展为一环两纵。一环从瑶琨门经城隍庙到正熏门，绕过厅署到达朝阳门，与东西向主路形成环路；两纵为北起利济池，经县署和城隍庙之间，南至小南门以及从县署到正熏门的道路格局。

次路：从城中心至五个城门和通往各个公共建筑的小路所形成环形放射路网。

清代道光至同治年间城池的形状为瓶状，南北窄中间宽，主要为北部、中部的公共空间和南部的街巷空间，格局分明。

民国初期（1924年）

建筑布局

城池布局沿着苎溪河岸扩展。北岸内城设五个城门，即北门、小南门、南门、小西门、西门。城内公共建筑除了宫庙建筑外，还有县公署、团练局、教育局和官仓等。

1924年，民国政府开展建设促进城市的发展，此时古城内的用地已经远远不能满足需求，在西岸的太白岩下新增了大量街巷和住区，如内城新增五街八巷以及仓、局、宫庙祠20余处；对外交通空间方面新增码头、桥梁多处。

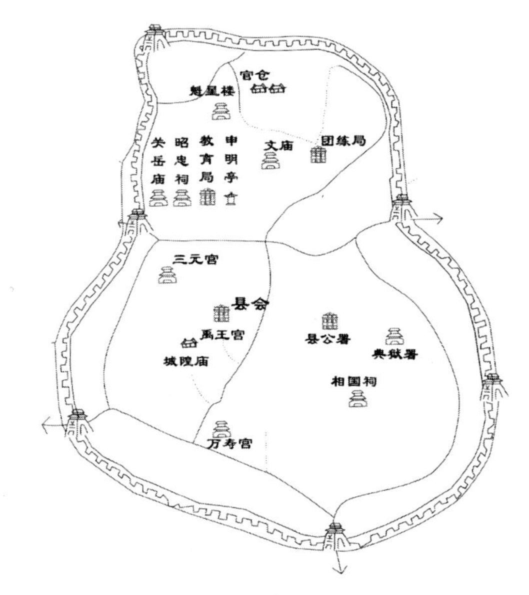

民国初期（1924年）城池空间

道路格局

内部路网依山就势，逐步改造为自由环状，贯穿东西门为富贵巷，县公署四周开辟了环路，北为十字街，西为文明街，东门外新增八街两学堂，西门外新增五街。西岸从北至南新增十八街巷。

城池形状扩展似葫芦形，北小南大，公共空间居中，四周街巷空间围合，布局大致呈向心式。整个城池布局向南岸和西岸扩张。

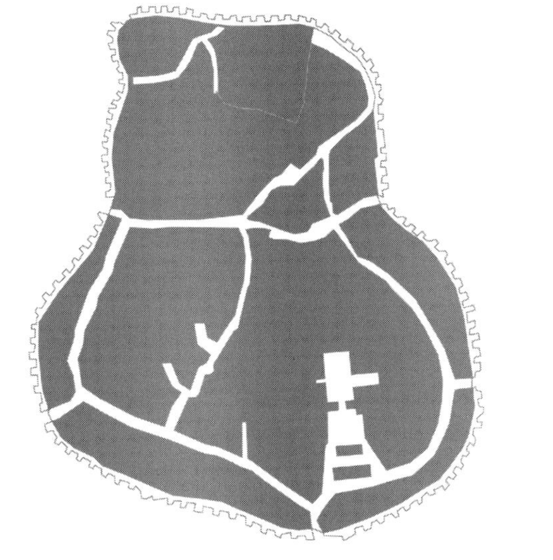

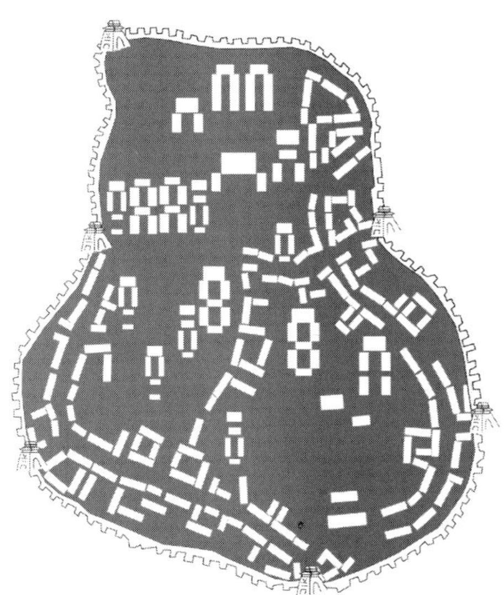

1924年城池图底关系

第三篇

历史万州环境空间组合分析

环境空间组合类型

万州地处四川盆地东部，毗临长江三峡，扼川江咽喉，有“川东门户”之称，地理位置独特，空间环境优美。其特定的地理环境和历史地位孕育了万州的城市面貌和景观形态。研究发现，历代万州空间发展与演变明显遵从景观环境的“逆向空间”组合规律[15]。自然的山形水势创造了特定的内外环境空间的交换层次，视线交换范围广，层次丰富。景观的逆向空间原理认为，城市外环境空间决定内环境空间的生长过程，从而逐渐形成特定的空间格局；空间上彼此之间相互联系、相互转换，其景观效果具有内外结合而又巧妙的延续和过渡。尽管古代的城池空间小且路网格局简单，但依然通过转、曲、收、引、滞、透、借、连等空间连接手段，形成循序引导、步移景异、空间变化等较为丰富的行为交往和生活空间环境。

万州古城在长期的历史演化中，其逆向空间组合也在不断地发生变化。自唐宋有记载以来至近代，万州古城选址时的外部空间环境顺应地势和环境特点，部分空间顺应自然而具可持续演化生长，从而留下了有序、朴实、自然、和谐的景观印象；另一些空间则因环境限制或人为破坏与视线遮挡而消失。如近代以来，特别是现代的水利工程建设，万州古城空间大都被淹没在长江水中，取而代之的是现代化城市建设发展的新格局。由于现代城市建设更多考虑城市功能，使之原有的内外景观环境空间交换被阻断。

在古代，城池建设有一定的规制，在城池环境的选择方面十分讲究，历来重视城池的空间和方位。万州城池选址不仅如此，同时还注重与地形、地势相结合，使得城池拥有较好的采光、通风以及良好的景观视线和环境空间格局。

古代城池的空间构成往往符合并遵循“逆向空间”的组合原理[12]。一般由外环境空间、内环境空间和内生活空间三个层次空间构成。万州古城自有城池地图和文字记载以来，其城池空间格局具有明显的生长与消失特征，以下选择几个主要时期分析表述。

万州主要时期①的环境空间类型如下表所示。

---

① “主要时期”是作者依据目前能收集和参阅的相应时期的县志与图文资料确定的研究时段，它们在空间上也具有一定的代表性。

万州主要时期的环境空间类别及其生长与消失

逆向空间组合		明代及以前	清代（同治、光绪年）	民国（1924年）	1949年前（1941年）	1949年后（20世纪六七十年代）	现代时期（2010年）
外环境空间	外向交换空间	都历山	都历山	都历山	都历山	都历山	都历山
		翠屏山	翠屏山	翠屏山	翠屏山	翠屏山	翠屏山
		天生城	天生城	天生城	天生城	天生城	天生城
		太白岩	太白岩	太白岩	太白岩	太白岩	太白岩
		—	佛缘洞（蛮子洞）	佛缘洞（蛮子洞）	佛缘洞（蛮子洞）	蛮子洞	蛮子洞
		白虎头	白虎头	白虎头	白虎头	白虎头	白虎头
		狮子山	狮子山	狮子山	狮子山	狮子山	狮子山
		古城门（墙）	古城门（墙）	古城门（墙）	—	—	—
		苎溪河	苎溪河	苎溪河	苎溪河	苎溪河	天仙湖
		长江	长江	长江	长江	长江	长江
		—	洄澜塔	洄澜塔	洄澜塔	洄澜塔	洄澜塔（非原址）
		—	—	文峰塔	文峰塔	文峰塔	文峰塔
		码头	码头	码头	码头	码头	码头
	内向交换空间	古城门	古城门	古城门	—	—	—
		主要码头	主要码头	主要码头	主要码头	主要码头	主要码头
		—	—	车坝	车坝	和平广场	和平广场 移民广场 市民广场

续表

逆向空间组合		明代及以前	清代（同治、光绪年）	民国（1924年）	1949年前（1941年）	1949年后（20世纪六七十年代）	现代时期（2010年）
外环境空间	边缘交换空间[①]	古城墙	古城墙	古城墙	—	—	—
		长江北岸古城段	长江北岸古城段	长江北岸城区段	长江北岸城区段	长江北岸城区段	长江两岸城区段[②]
		苎溪北岸古城段	苎溪两岸古城段	苎溪两岸城区段	苎溪两岸城区段	苎溪两岸城区段	天仙湖沿岸
		—	—	望江路中段	望江路中段部分	新城路报社段	—
	点交换空间	四望楼	—	—	—	—	—
		太白祠	太白祠	太白祠	太白祠	—	太白岩绝尘龛
		—	弥勒禅院、钟鼓楼（镇江阁）	弥勒禅院、钟鼓楼（镇江阁）	弥勒禅院、钟鼓楼（镇江阁）	弥勒禅院（原址）	—
		—	主要码头	主要码头	主要码头	主要码头	主要码头
		鲁池	高笋塘	高笋塘	高笋塘	高笋塘	—
		—	—	鸽子沟	鸽子沟	鸽子沟	—
		—	利济桥	利济桥	利济桥	利济桥	—
		—	万州桥	万州桥	万州桥	—	—
		—	天仙桥	天仙桥	天仙桥	天仙桥	—
		—	北山石城	昭明宫	北山观	北山观	现弥陀禅院
		—	千金石	千金石	千金石	千金石	—
		—	西山观	西山观	西山钟楼	西山钟楼	西山钟楼
		—	太平木桥	太平石桥	万安桥	万安桥	新万安大桥长江二桥
		—	—	—	—	和平广场	和平广场市民广场
		—	洄澜塔	洄澜塔	洄澜塔	洄澜塔	洄澜塔（非原址）
		—	—	文峰塔	文峰塔	文峰塔	文峰塔

① 历史万州的边缘交换空间主要是指半边街形式的江岸沿江段，保持了视线和视面的通畅。

② 此时的边缘交换空间已经扩展到长江万州段南北两岸，下至长江二桥，上至五桥新区。苎溪河拦水坝形成的天仙湖则形成环形边缘交换空间。

续表

逆向空间组合		明代及以前	清代（同治、光绪年）	民国（1924年）	1949年前（1941年）	1949年后（20世纪六七十年代）	现代时期（2010年）
内环境空间	阻碍转折空间	城门口	城门口	城门口	—	—	—
		古街道—城隍庙	古街道—城隍庙	古街道—城隍庙	—	—	—
		—	—	文明路—关岳庙	文明路—关岳庙	—	—
		—	—	—	环城路—南门口	环城路—南门口	北滨大道二段—南门口广场
		—	古街道—码头	古街道—码头	古街道—码头	街道—码头	—
		—	古街道—天仙桥	古街道—天仙桥	古街道—天仙桥	—	—
		—	—	古街道—太平桥	环城路—万安桥	环城路—万安桥	北滨大道二段—万安桥
		—	—	—	—	太白路—流杯池	太白路与流杯池
		—	盐马路—和平路	复兴路—和平路	复兴路—和平路	复兴路—和平路	复兴路—和平路
		—	—	车坝—电报路	车站路—电报路	广场—电报路（反帝路）	和平广场—电报路
		—	—	长城路	电报路—长城路	电报路—孙家书房路	电报路—孙家书房路
		—	—	电报路—二马路	电报路—二马路	电报路—二马路	—
		—	—	—	望江路—高笋塘	新城路（东风路）—高笋塘	新城路—高笋塘
		—	—	古街道—万州桥	古街道—万州桥	—	—
		—	—	—	古街道—新桥（福星桥）	古街道—新桥（福星桥）	—
		—	—	鸽子沟—高笋塘	鸽子沟—高笋塘	鸽子沟—高笋塘	—
		—	—	—	—	果园路—钟楼	果园路—钟楼
		—	—	百步梯—广济寺	百步梯—广济寺	—	—
		—	—	五显庙—盐店巷	五显庙与盐店巷	—	—
		—	—	十字街—石佛寺	十字街—石佛寺	—	—
		—	—	—	长城路—高笋塘	—	—
		—	—	半边街与陈家坳	半边街—陈家坳	—	—

续表

逆向空间组合		明代及以前	清代（同治、光绪年）	民国（1924年）	1949年前（1941年）	1949年后（20世纪六七十年代）	现代时期（2010年）
内环境空间	转向引导空间	古街（环城墙）	古街（环城墙）	古街（环城墙）	环城路	环城路	北滨大道三段（和平广场段）
		—	—	半边街	南津街	果园路	北滨大道二段（南门口广场段）
		—	—	—	西山路	西山路	—
		—	—	古街（沿江）	鸽子沟	新城路(靠近高笋塘部分)	南滨大道(南滨公园段)
		—	—	南津街	望江路（近高笋塘段）	胜利路 环城路	新城路(近高笋塘段)
		—	—	杨家街口	果园路	鸽子沟	果园路
		—	—	—	杨家街口	杨家街口	—
	收敛引导空间	古街（会府门段）	古街（朝阳门段）	古街（东门段）	万梁公路（车站段）	和平路	北山大道
		—	古街（小南门段）	古街（西门段）	古街（北山观段）	大梯子段	市民广场
		—	—	古街（南门段）	一马路	一马路	—
		—	—	古街（小西门段、北山观段、钟鼓楼段）	大梯子段	—	—
	阻滞停留空间	故城	故城	—	—	—	—
		—	西山观	西山观	中山公园（西山公园）	西山公园（人民公园）	西山公园
		城门口	城门口	城门口	—	—	—
		—	—	北山公园	北山公园	—	—
		文庙前广场	圣庙前广场	文庙前广场	—	—	—
		—	码头	码头	码头	南门口码头	南门口广场 音乐广场
		—	—	车坝	车坝	和平广场	和平广场

续表

逆向空间组合		明代及以前	清代（同治、光绪年）	民国（1924年）	1949年前（1941年）	1949年后（20世纪六七十年代）	现代时期（2010年）
内环境空间	阻滞停留空间	武庙前广场	武庙前广场	关岳庙前广场	—	—	—
		—	利济池	文庙前广场	—	—	—
		—	—	高笋塘	高笋塘	高笋塘	高笋塘现代广场
		—	—	相国祠前广场	—	—	—
		—	—	西校场	西校场	—	—
		—	—	东校场	东校场	—	—
		—	—	钟鼓楼（镇江阁）	钟鼓楼（镇江阁）	—	—
		—	—	—	—	—	南山公园 移民广场 市民广场 太白公园
内生活空间	院落空间	城隍庙	城隍庙	城隍庙	—	—	—
		—	李家花园	行署	川东师区司令部	专署大院	杨森会馆
		文庙	圣庙	文庙	—	—	—
		—	—	—	国立图书馆	—	—
		武庙	武庙	关岳庙	关岳庙	—	—
		—	文昌宫	文昌宫	文昌宫	—	—
		—	白岩书院	白岩书院	白岩书院	军分区大院	军分区大院旧址
		—	—	驻军行营	驻军行营	地委大院（高笋塘）	—
		勒封院	青羊宫	青羊宫	青羊宫	青羊宫小学	—
		—	—	清真寺	清真寺（伊斯兰小学）	清真寺（伊斯兰小学）	—
		广济寺	广济寺	广济寺	广济寺	—	—
		—	—	石佛寺	石佛寺	石佛寺（小学）（胜利路小学）	—
		—	—	张飞庙	张飞庙	—	—
		—	—	五显庙	五显庙	五显庙	—

续表

<table>
<tr><th colspan="2">逆向空间组合</th><th>明代及以前</th><th>清代
（同治、光绪年）</th><th>民国
（1924年）</th><th>1949年前
（1941年）</th><th>1949年后
（20世纪六七十年代）</th><th>现代时期
（2010年）</th></tr>
<tr><td rowspan="7">内生活空间</td><td rowspan="6">院落空间</td><td>—</td><td>—</td><td>原真原堂</td><td>原真原堂</td><td>—</td><td>—</td></tr>
<tr><td>—</td><td>—</td><td>万川书院</td><td>万川书院</td><td>—</td><td>—</td></tr>
<tr><td>—</td><td>万寿寺</td><td>万寿寺</td><td>万寿寺</td><td>军分区小院</td><td>原军分区小院</td></tr>
<tr><td>—</td><td>杜家花园</td><td>杜家花园</td><td>江西会馆
（豫章中学）</td><td>幼师
（初二中）</td><td>万二中附中</td></tr>
<tr><td>—</td><td>王家花园
（王家祠堂）</td><td>万女中
（二女校）</td><td>万女中</td><td>万三中</td><td>—</td></tr>
<tr><td>—</td><td>九思堂
（黄家花园）</td><td>九思堂
（黄家花园）</td><td>九思堂
（黄家花园）</td><td>卫生学校</td><td>—</td></tr>
<tr><td>转换连接空间</td><td colspan="2">古城古街道与院落</td><td>文明街中段
马家巷
文明巷西段
五显庙巷子
盐店巷子
新城街北段</td><td colspan="2">白岩书院路
真原堂入口段
正街西段—文昌巷北段
广济巷
偏石板西段
真原堂巷
新城街北段
一马路东段
电报路北段</td><td>—</td></tr>
</table>

主要时期环境空间及其演化特征

明代及以前时期环境空间

自北魏从羊飞山下羊渠迁城至都历山北山南麓，古城虽历经宋代抗元等战争的洗涤，但其周围的地形地貌、空间环境依然。明代的古万州城位于北山脚下苎溪河与长江交汇处的都历山南麓，自然环境空间主要由都历山、北山、狮子山、天生城、太白岩、翠屏山等山体和长江、苎溪河围合，四周分布有西山观、流杯池等人文景观节点，保持了原始的自然山水格局。历史上的万州一直作为海上到重庆内陆运输的必经水路。到了明代还修建了通往川藏内陆的万粱古道，让万州成了一个重要的水陆交接的通商港口，成就了历史上万州城市的繁荣。

此时的万州古城内建有城隍庙、文庙、武庙、街巷、多个城门（会省门、会府门和会水门）、码头以及民居院落等内部环境空间。因此，城池内外景观在视线上相互交换，并通过借景、对景的视点和视线，将内外空间有机地连接起来，形成外环境与内环境空间的交相呼应。

在明代，古城内主要分布有城门、街道、道观寺庙等内环境空间。

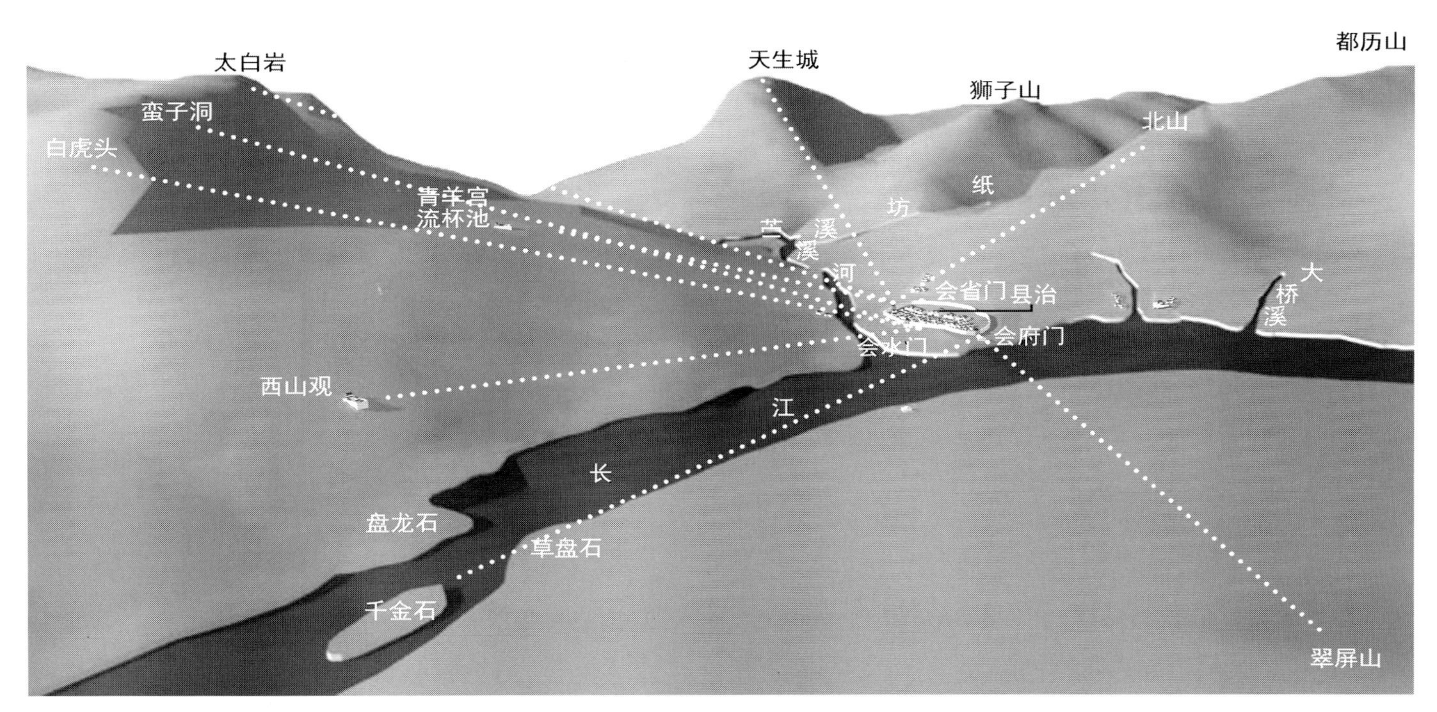

明代空间环境格局

外环境空间

景观逆向空间中的外环境空间是指出入口和主要视线廊道向外或向内的观景空间，通常采用对景和借景手法取得景观的交换联系和渗透效果，具有内外交换的双重作用。它是由内向外或由外向内，通过视点和视线观赏城外或城内环境和景观的一种空间形式。要求城内与城外景观视线保持一定的通透性[16]。在明代时期，万州古城的外环境空间主要有西山太白岩、太白祠、蛮子洞、白虎头、天生城、翠屏山和都历山等自然与人文风景制高点和节点，以及长江、苎溪河、天仙桥、码头、江岸磐石和千金石等自然景观与内环境边缘带的城墙、城门等所形成的景观视线进行交换。因此，外环境空间成为城池重要形象的景观空间部分。

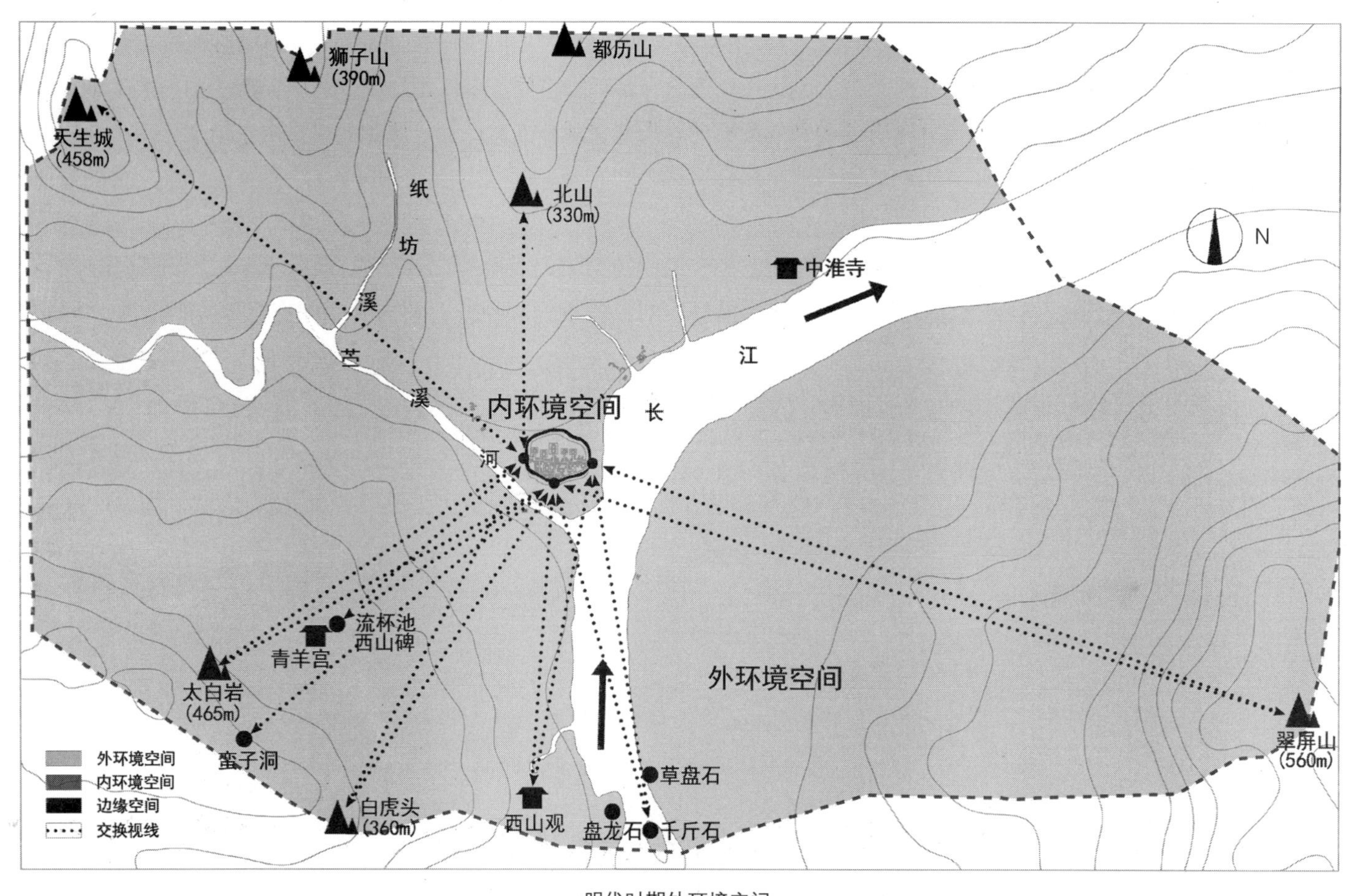

明代时期外环境空间

内环境空间

内环境空间一般有转折、转向、引导、停留、收敛等空间组合，它是城池内部建筑连接构成的物质空间形态，与人的活动息息相关，产生行为活动与空间结合的景观效果。内环境空间往往利用城池内部的景观交换特性，采取隔、阻、放等手法进行各种空间的转换，配合外环境对内部的景观联系进行空间布局，并结合山势地形布局特点，使景观空间丰富多变[16]。

明代万县城池中的内环境空间，主要表现为城池中的“L”形和 “T”形道路交叉口、各城门路段、沿城墙的“L”形路段以及一些重要建筑前的广场；如文庙、武庙和城隍庙前的广场空间等。

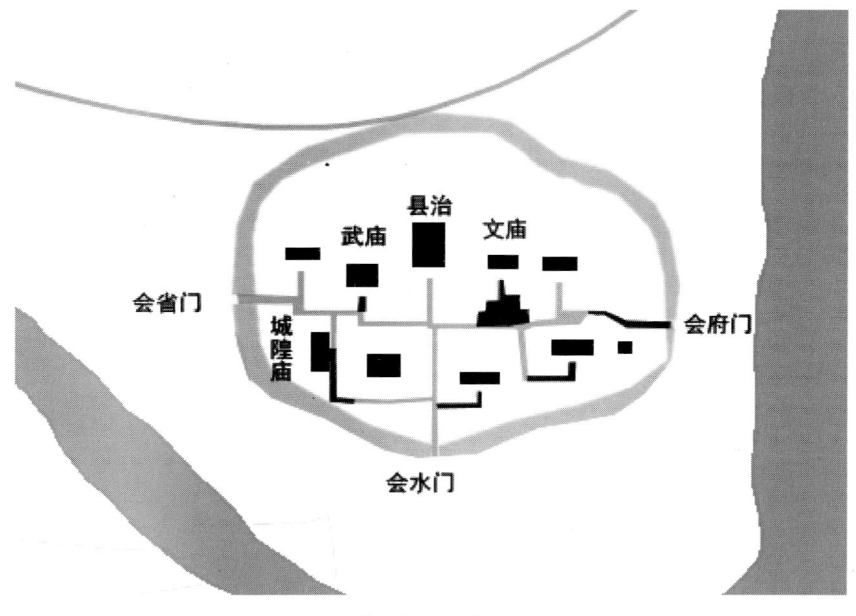

明代时期内环境空间

内生活空间

内生活空间由转换连接空间和院落空间构成，是进入民居的巷道、居住院落、寺庙等生活性的空间[16]，如文庙、武庙、城隍庙以及通往民居内部的巷道和院落。

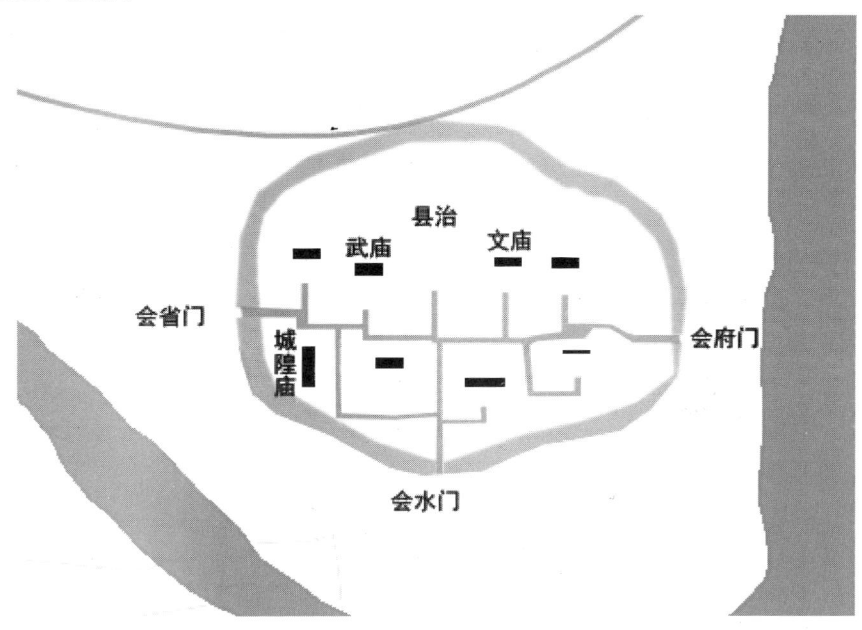

明代时期内生活空间

清代时期环境空间

清代的古万州城池与明代时期相差无几。据旧县治记载，清代同治年间曾洪水泛滥淹没整个古城，古城墙损坏极为严重。后重修城墙，由原来的“周五里，为三门”缩小到“周三里，为五门”[2]。新建的城池在空间上更顺应地形地势，高低错落，创造出更多层次的空间。此时还修建了风水塔（洄澜塔），以镇洪水。这一时期的城池空间格局奠定了后来万州古城城市面貌的基础，也是空间形态有序持续发展的开端。此后，随着万州商贸逐渐繁荣，城中的内环境空间也有效地生长，整个万州城池内外环境景观格局呈现有序的效果。到同治年间，万州景观视线通透，风水改造也更加完善[17]。

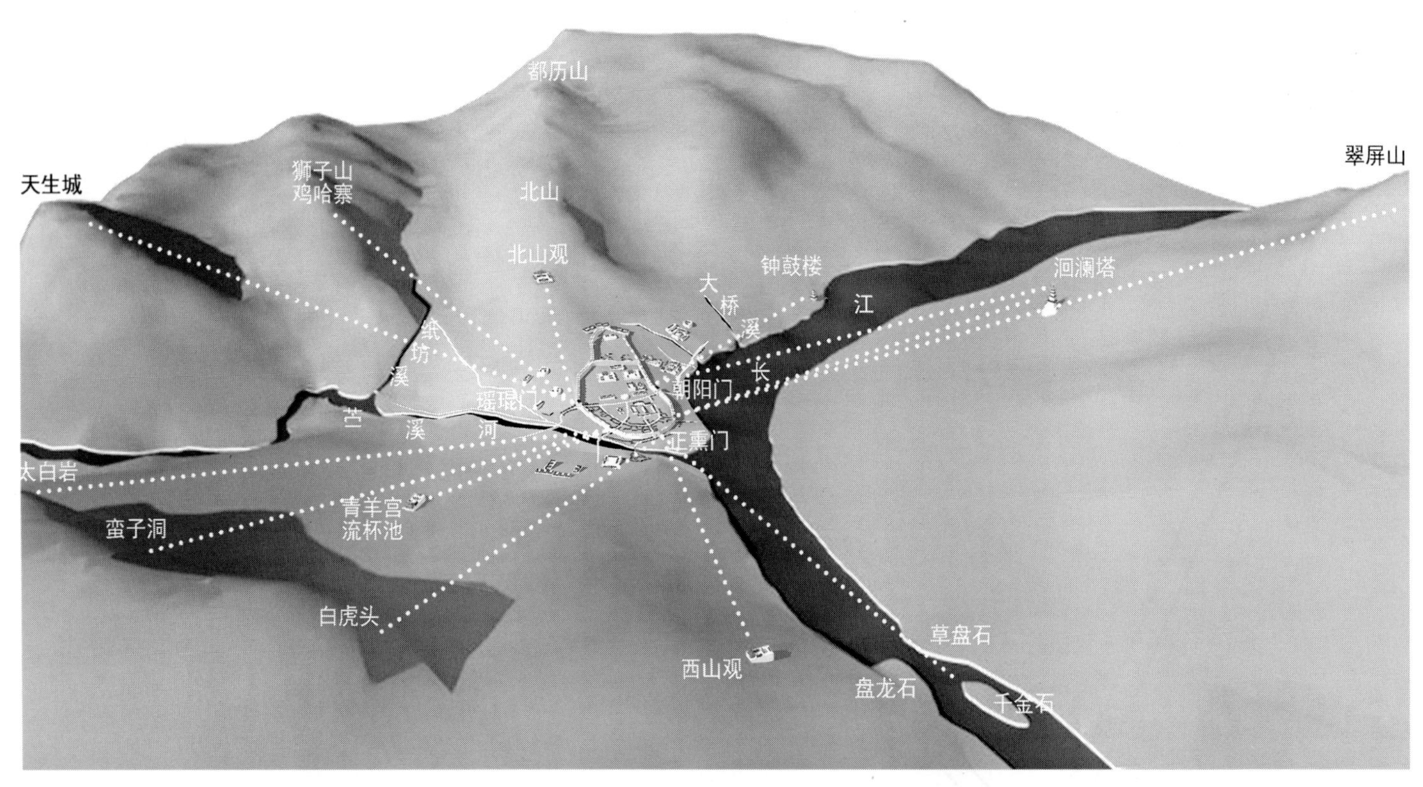

清同治五年空间环境格局

外环境空间

这一时期，古城内外交换空间、边缘交换空间和点交换空间都较为完整，而且因城池形态的竖向增长和洄澜塔的修建，使城池内环境中的视野得以扩张，空间的交换更为丰富且富有层次。

此时的外环境空间有北山观、都历山、翠屏山、天生城、太白岩、佛缘洞、白虎头、狮子山、洄澜塔，以及长江、苎溪河、天仙桥、码头、江岸磐石和千金石等自然和人文风景制高点与节点；边缘空间有码头、天仙桥等。

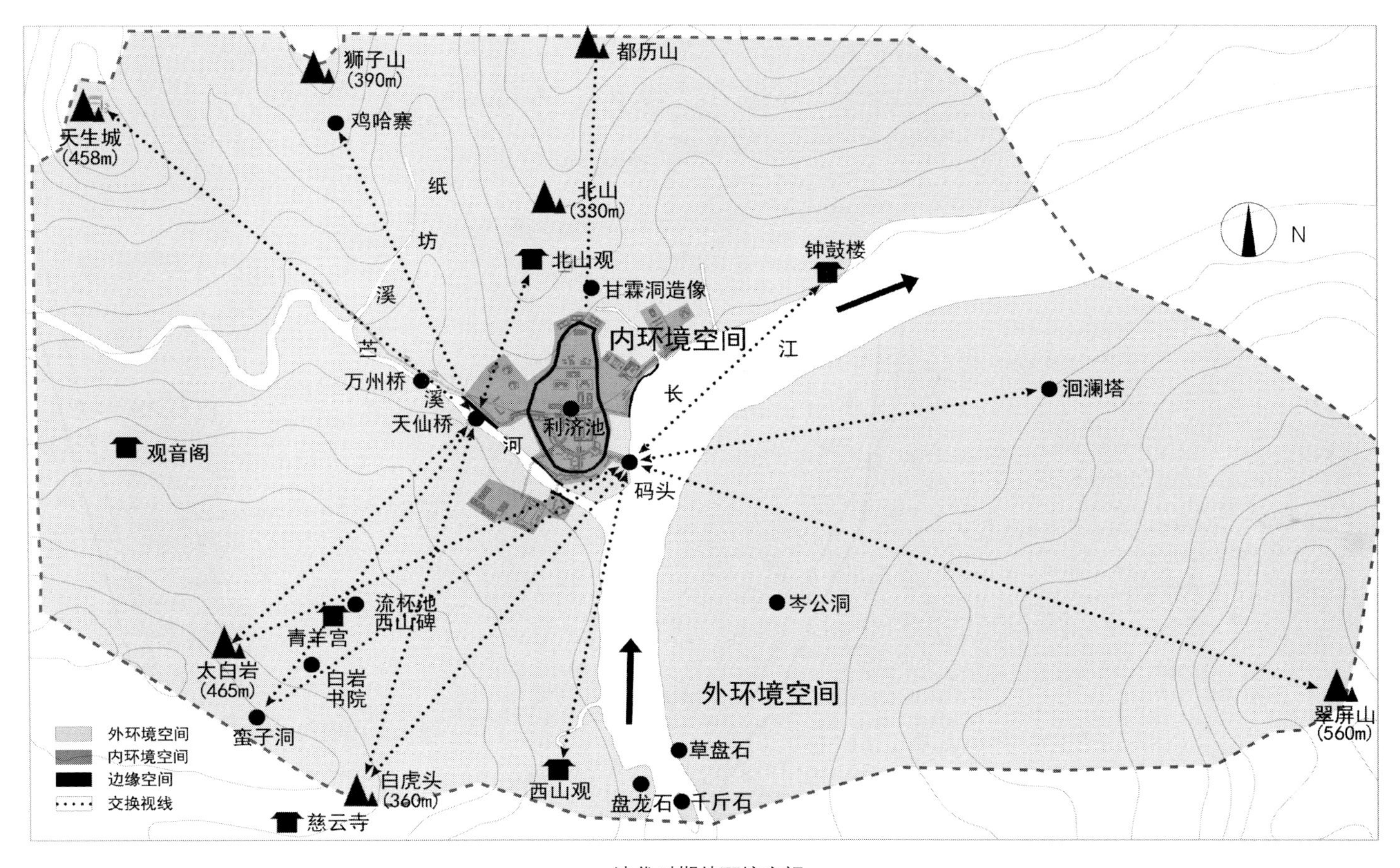

清代时期外环境空间

边缘交换空间是一种以线（面）方式进行内外景观环境视线交换的空间形式，城池中的内、外景观视线交换主要通过边缘交换空间来实现[16]。如天仙桥沿江—码头等条带形空间，城墙环带状空间等得到了有效生长，新出现小西门、小南门等多个城门节点和沿江带，增加了外环境景观对内环境的渗透，使空间交换更加丰富。由于天仙桥—沿江路边缘带与城墙处于城区不同高度，在竖向上出现多重边缘交换空间，形成了不同的边缘空间层次。

点交换空间是指城池中的制高点或视野宽阔的广场，视线可以通往外环境中的景观而形成对景的空间节点[16]。古城池中的城楼、塔楼、利济池前广场等位于城池中的较高点，可与外环境中的翠屏山、天生城、太白岩、蛮子洞、白虎头、狮子山、北山观、洄澜塔、千金石、长江等景观产生交换。

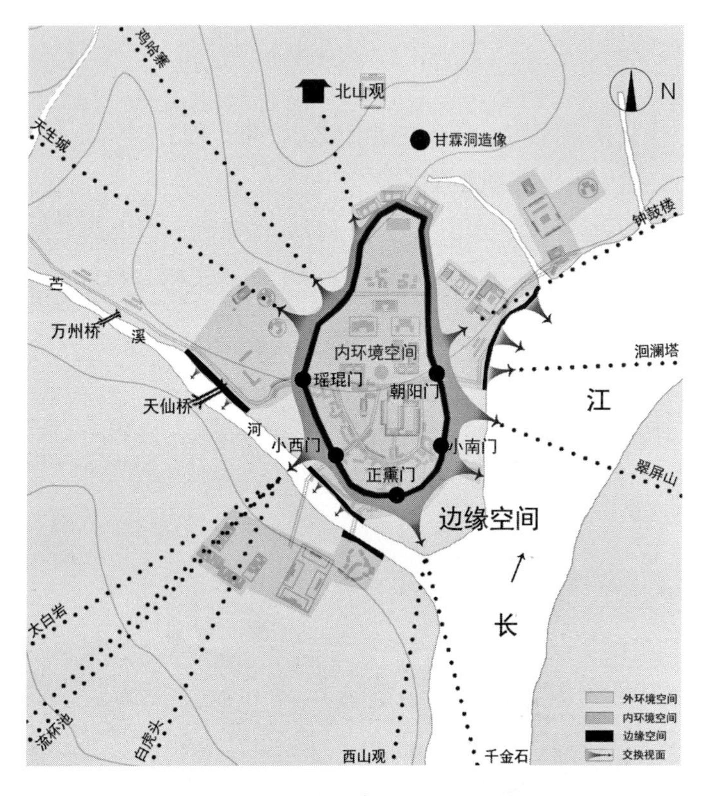

清代时期边缘环境空间

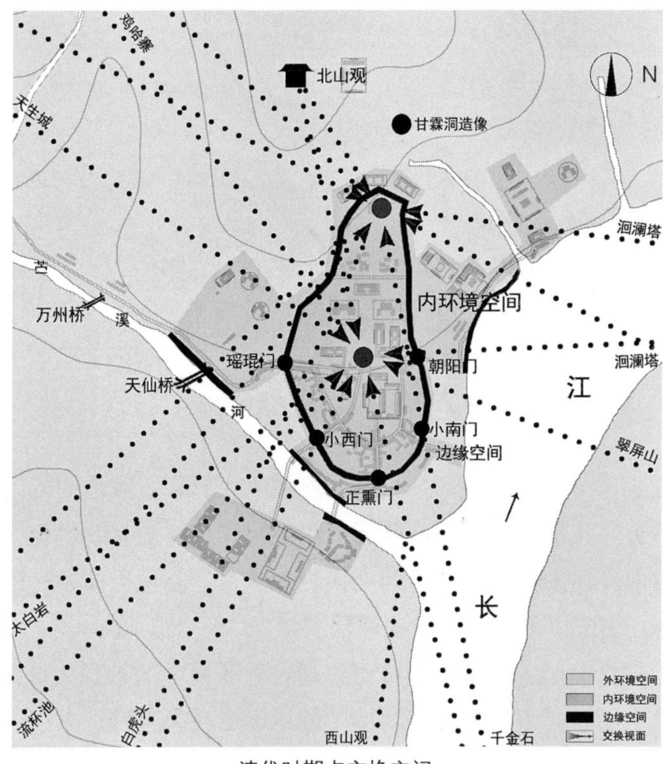

清代时期点交换空间

内环境空间

内环境空间有转折、转向、引导、停留、收敛等空间组合形式。此时的万州城池，内环境空间主要为城内空间及其与三方城门相连接的城外街巷空间。整体上的建筑布局顺应城池发展与礼教规制，保留且延伸了内外环境交换视线的通透性。

阻碍转折空间是一种引导或回避不利视线的空间布局手法，通常采用“T”形和“L”形空间连接主要街市、广场、码头、水池等公共节点[16]。城池内街巷顺应城墙和地形走势，形成高低错落的“L”形空间，如南门外古街道与古桥、古街与天仙桥、古街与朝阳门入口转折处、古街与古码头等处，空间上形成“L” 形街巷，均属于引导进入外部交换空间的节点。

转向引导空间为一种因地形依山就势或曲径通幽心理而有意避直取弯的传统手法，常采用曲线转向引入其他空间层次，以达到步移景异、柳暗花明的效果[16]。如古街中环绕城墙而依山就势形成弧形道路，既避免了街景的单调，又增强了景观层次和可观性。

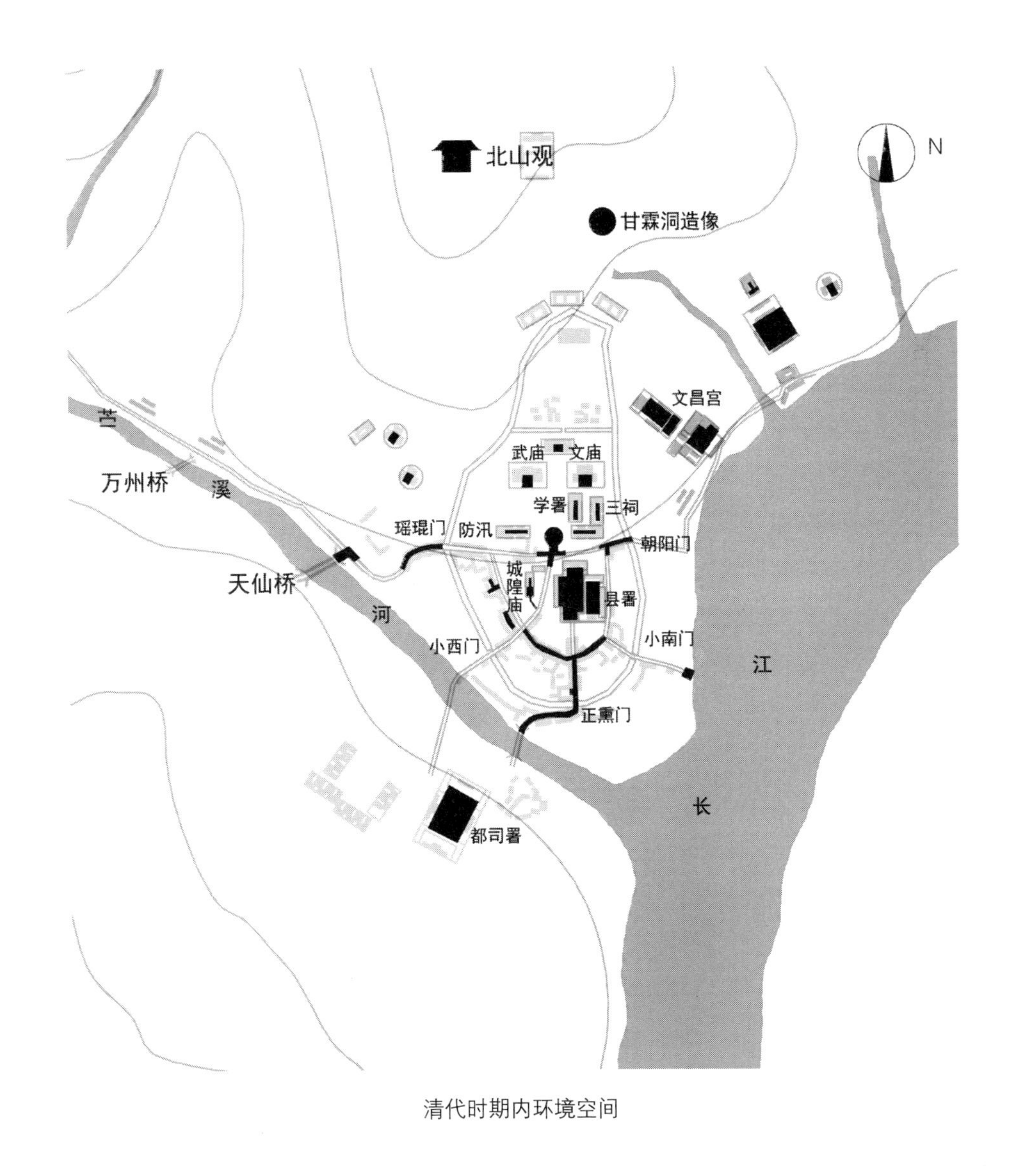

清代时期内环境空间

收敛引导空间是因地形限制，通往外环境空间受阻或前方存在对景景观，或需要遮蔽旁侧视线，而利用屋檐轮廓延伸线，采用直线形街巷，使透视线于远处收敛的引导空间[16]。如城中东门段由街巷直线引导正对外环境的洄澜塔；古街小南门段正对翠屏山；古街北山观段正对北山观。

阻滞停留空间为分布于城池中，供集会、集市、休闲、纳凉等公共活动的交往空间[16]，如利济池、万川书院、码头以及古城门、文庙、城隍庙、武庙等前广场和故城等空间区域，可以满足人们较长时间的停留、休闲交往的需求。古城池中的利济池位于城池的中心以及多条道路的交汇处，兼具有集会、休闲观景和纳凉等功能。

内生活空间

内生活空间由转换连接空间和院落空间构成，是城池内街道分隔街坊的空间，具有较强的私密性[16]。

转换连接空间是连接内生活空间的院落和内环境空间中的街巷空间，一般呈“T”形连接。院落空间是居民的私密生活通道与居住空间[16]。一些大型院落可以直接与内环境停留空间相连接，如文庙、武庙、城隍庙、文昌宫和一些居住型院落的生活性空间。

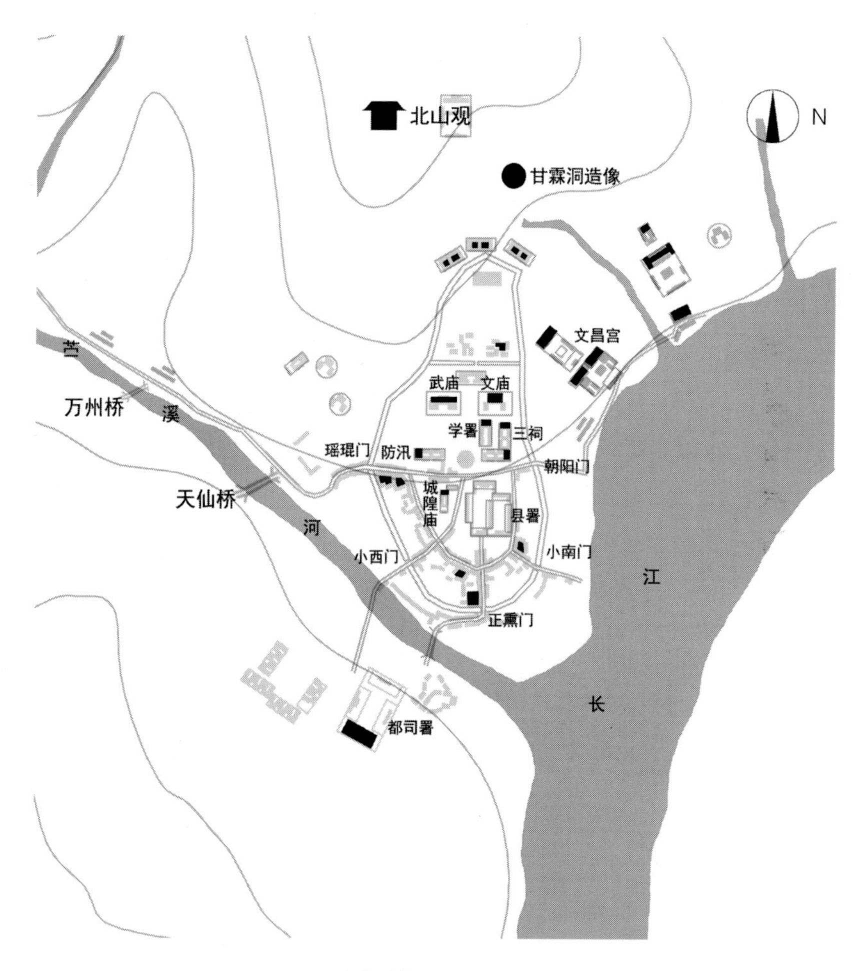

清代时期内生活空间

近代时期环境空间

近代万县进行了较大规模的城市建设，城市内环境也相对有所扩张，特别是1902年万县开通对外通商口岸和1924年（民国13年）杨森进入万县以来，对城市的发展和建设起到了较大的推动作用，其景观空间组合也相应的更加丰富。由于城市空间顺应山势发展，原本城市中的外环境也成为内环境的一部分，空间组合的层次随着竖向高差增大而更加鲜明。由于城市的发展需求，万县城墙被拆除，形成一个统一的整体，外环境空间对内环境的景观渗透突破了城墙的阻隔，各个方向逐步形成景观视线交换。近代时期，万州城市景观空间在1924年城墙拆除前后发生了较大的变化，下面以1924年（民国13年）城墙拆除前和1941年（民国30年）城墙拆除后，城市的建设发展趋于稳定的两个时间点对近代万州城市的环境景观进行分析[17]。

*1924*年（民国*13*年）环境空间

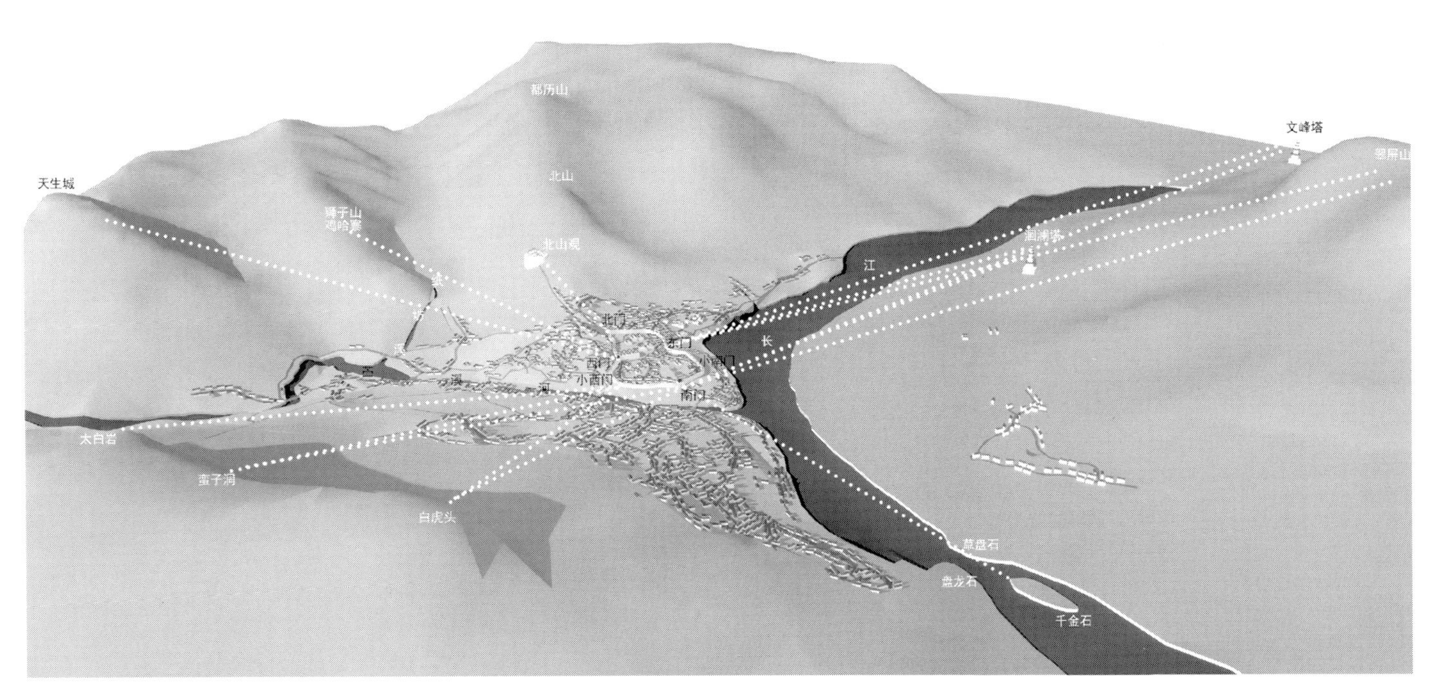

1924年空间环境格局

外环境空间

这一时期，城池的外环境空间因素仍存在。同治八年（1869年）于翠屏山山腰修建的洄澜塔上方再建了文峰塔，构成了著名的万州景观——“翠屏双塔”。随着城市的发展，服务城市的码头数量增加，并作为景观交换的节点，在城池以北增加了北门，这在一定程度上增加了外环境对内环境的景观渗透。

外环境中有北山观、都历山、翠屏山、天生城、太白岩、蛮子洞、白虎头、狮子山、洄澜塔、文峰塔，以及长江、苎溪河、天仙桥、码头、江岸磐石和江心石（千金石）等特色自然风景制高点和人文景观节点；边缘空间有官码头和盐码头一线、天仙桥、万州桥、利济桥、福星桥等进行内外景观视线交换[18]。

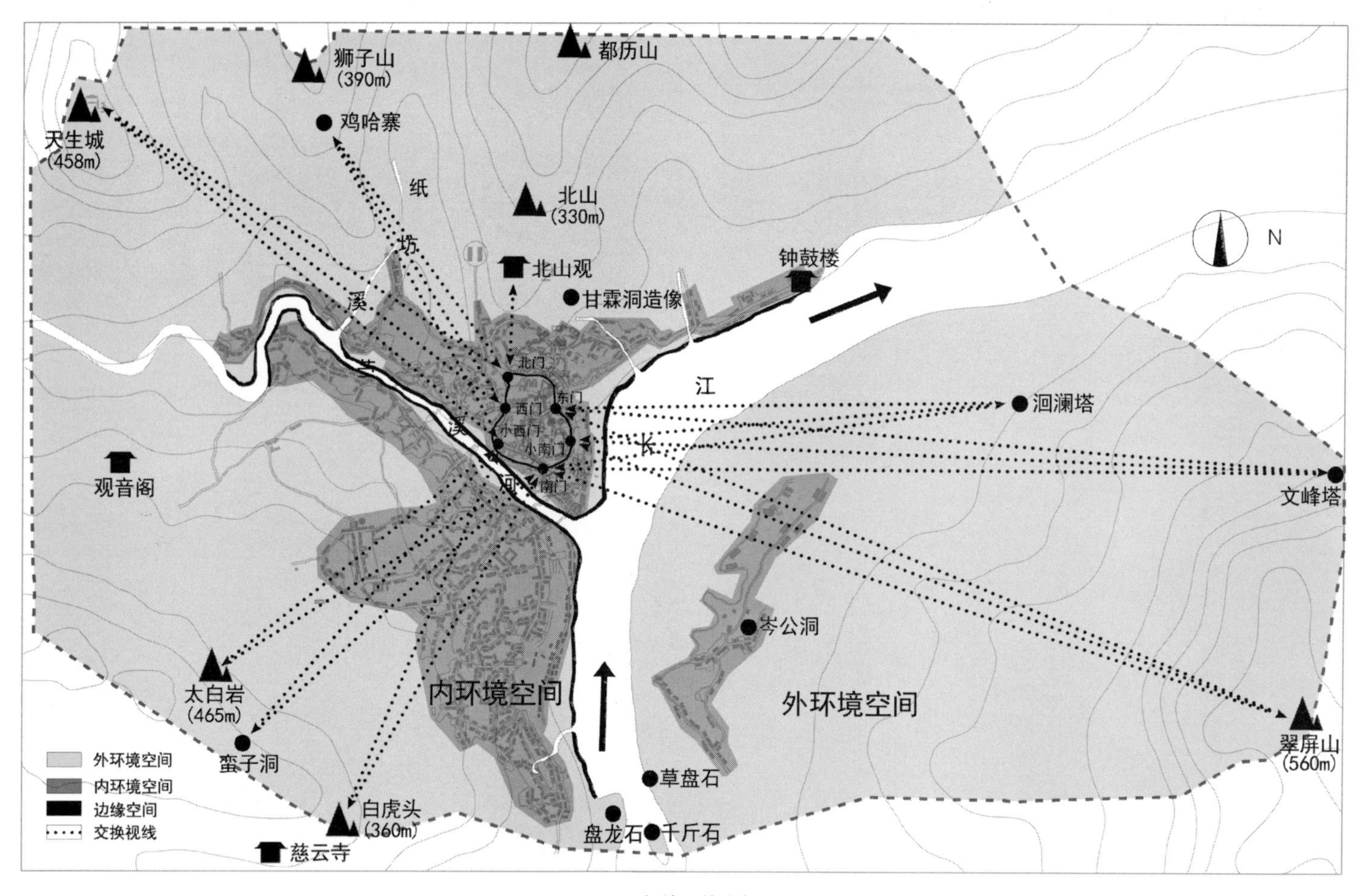

1924年外环境空间

此时的边缘交换空间，虽然环形的沿江街道连绵成带，但能够透过视线的单面街不多，主要是通过横切街巷道进行景观交换。城墙与沿江带空间层次更加明显，形成特有的双环错落边缘空间结构，增加了视域的深度和广度。苎溪河两岸建筑已集聚成片，相互呼应形成对景。

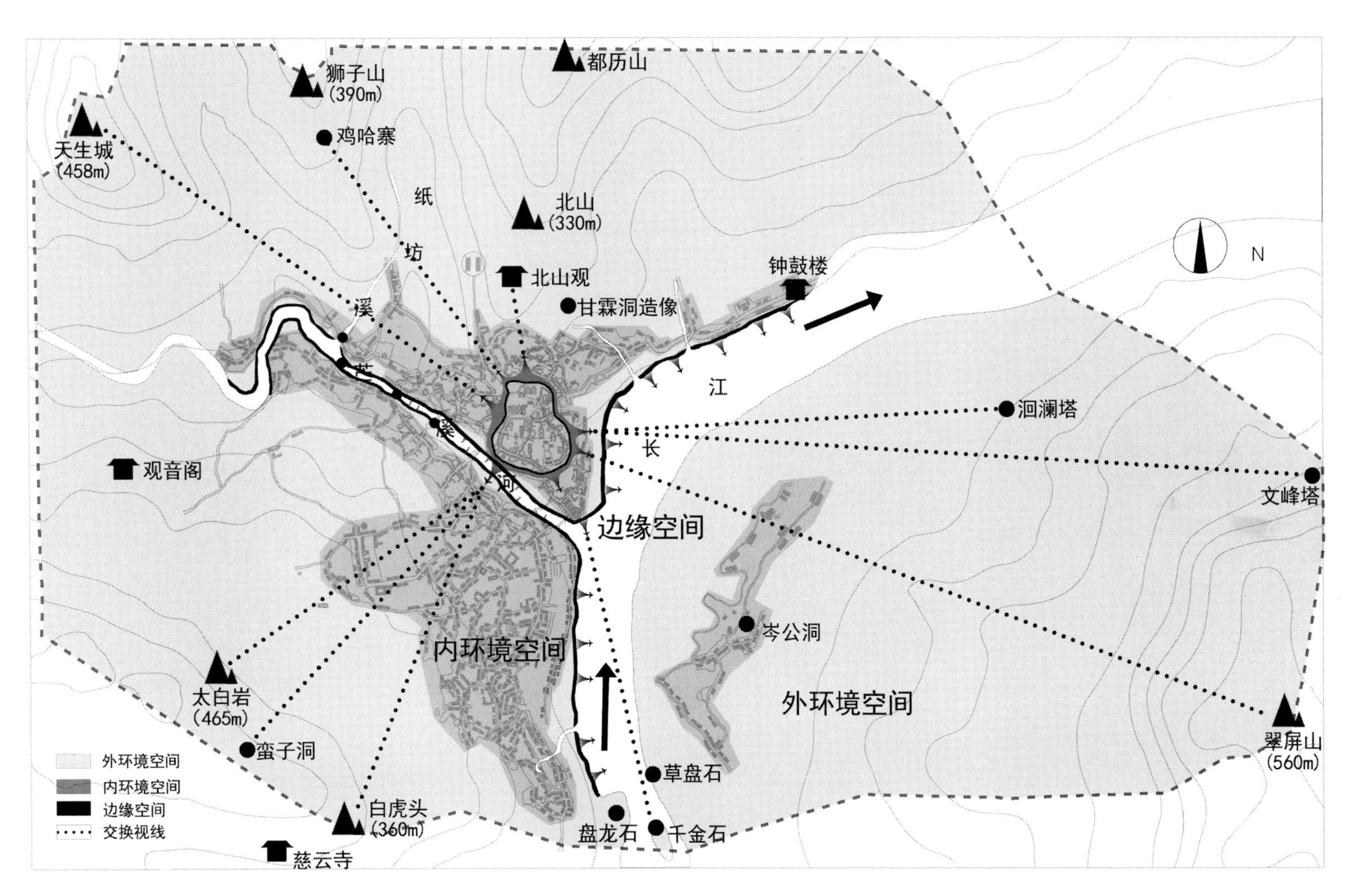

1924年边缘环境空间

随着城市发展，环境空间生长使得原外环境中的西山观、钟鼓楼、万州桥、利济桥和福星桥等节点转换为内外环境交换的景观节点。如钟鼓楼与洄澜塔、文峰塔、翠屏山、高笋塘，万州桥与北山观、狮子山、天生城和太白岩等外环境空间发生视线交换；高笋塘与天生城、狮子山、北山观、洄澜塔、文峰塔、翠屏山、太白岩、蛮子洞和白虎头等外环境空间发生视线交换。

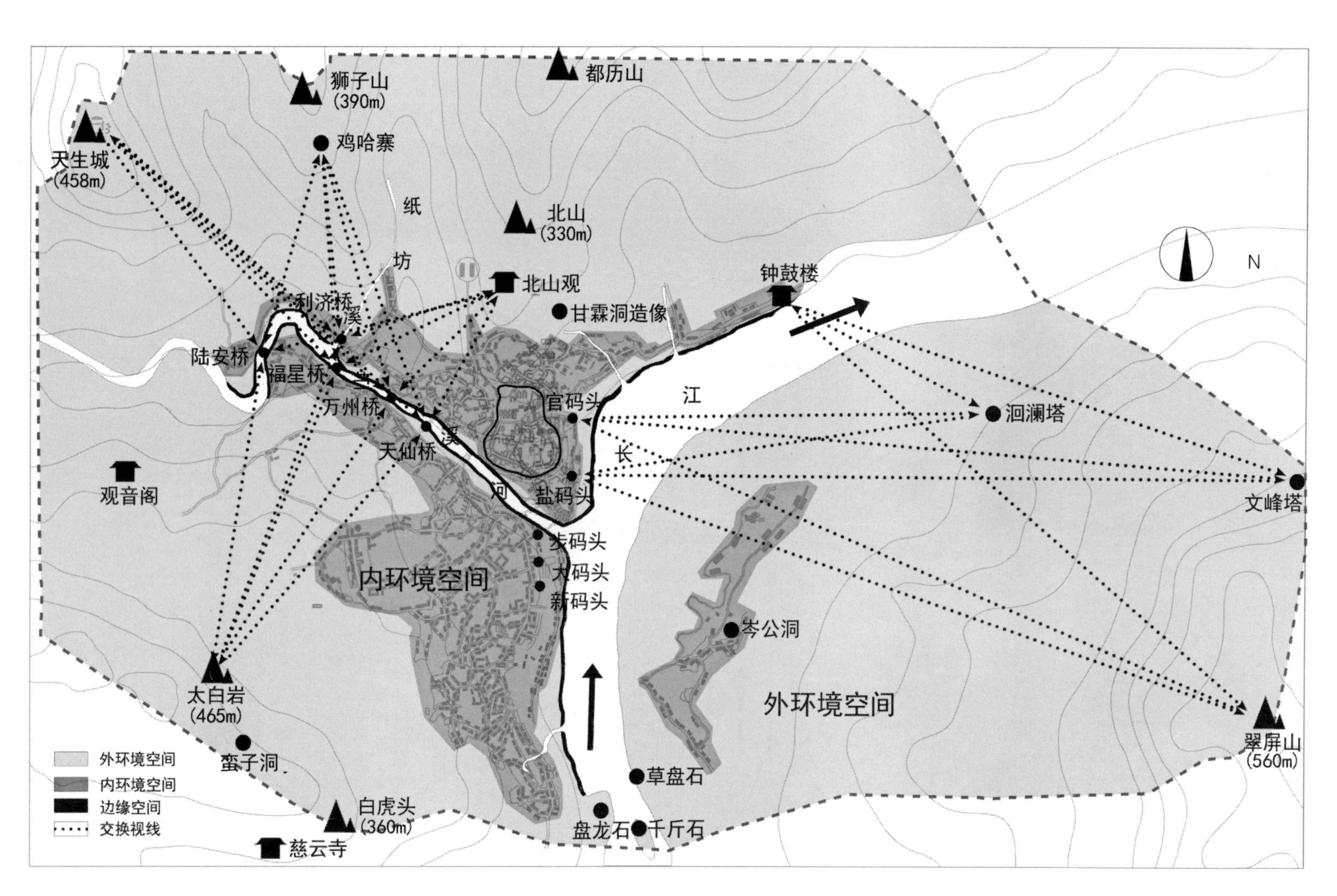

1924年万州城点交换空间

内环境空间

这一时期，古城内部环境街巷道路格局变化不大，外部道路在原来的基础上，顺应外部景观生长。内环境的增长使得内外环境交换的空间面域增大，城池中出现了更多延续景观的街道空间。同时，城区中出现了更多的公共空间，如高笋塘、车坝广场等。

阻碍转折空间在原来基础上，新增有古街与火神庙、古街与万州桥、古街与利济桥、十字街与石佛寺等街道空间。

为引导观赏江景及城市外环境中的视线交换，城池道路多呈弧状，形成转向引导空间，如沿江形成的道路、南津街和杨家街口等处形成的街道空间，避免了空间的单调。

收敛引导空间利用沿街建筑和道路形成的狭长空间将视线引导至外环境，空间有所增加，如北门正对狮子山、东大街正对钟鼓楼等。

阻滞停留空间因居民的生活需求有所增加，这类空间多数位于原有历史文化景点附近或地势平坦处，也是观景效果较好的场所。如高笋塘、西山观、城门、官码头、盐码头、相国祠前广场、钟鼓楼、西校场、车坝等公共空间。

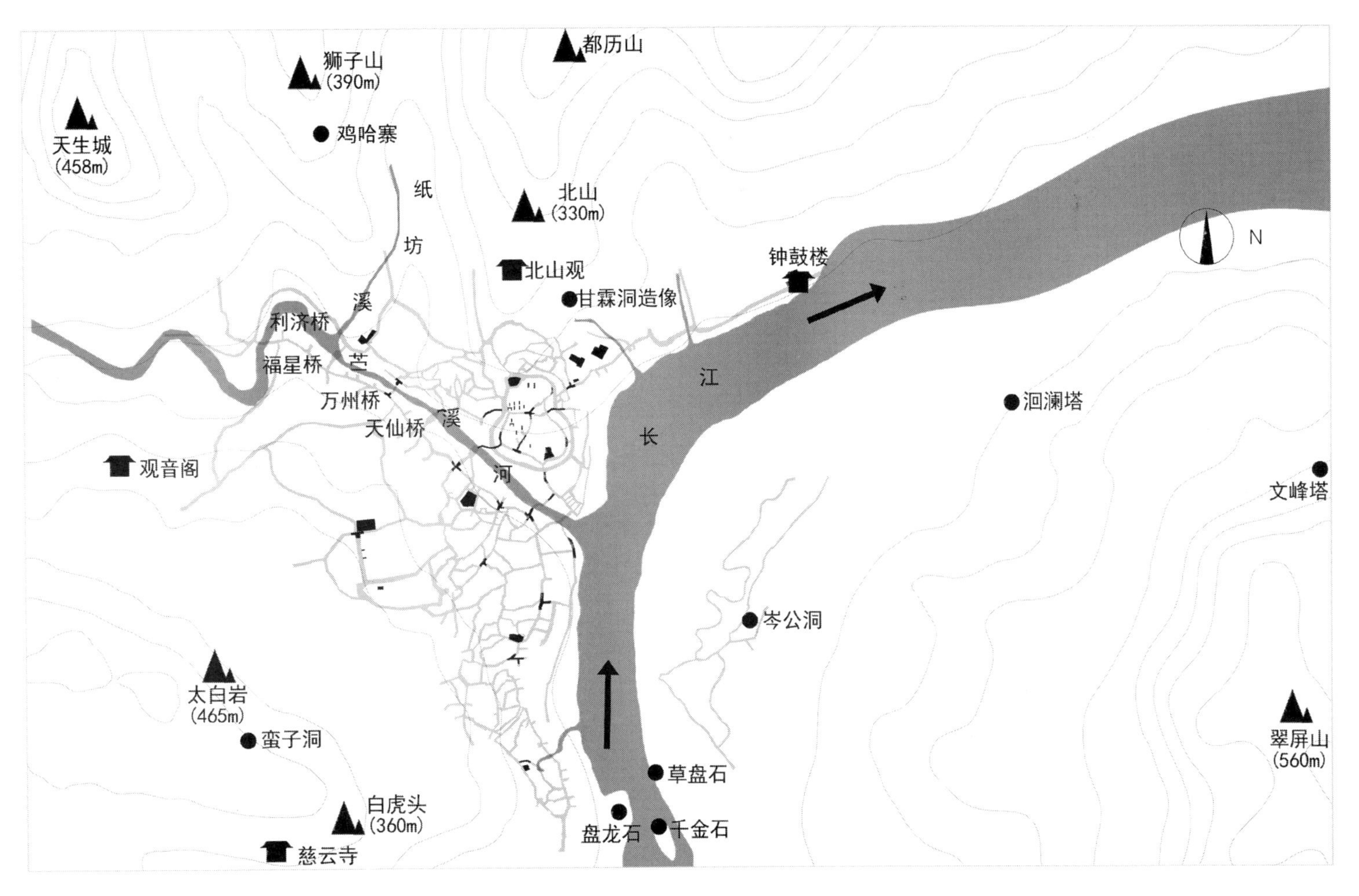

1924年万州城内环境空间

内生活空间

内生活空间由院落空间、转换连接空间构成[16]。这一时期，城墙内外生活居住院落和休闲游憩院落增加，整座城区内的生活空间分布较广，数量较多，主要沿江分布，形成数条连接且垂直长江的主导型内环境主干街道，街道两端分散连接通往民居院落的巷道。

居民的生活空间利用山地地形的优势，用围墙和植被相互联系构成一定的围合空间，因植被围合空间相对柔化而具有一定的漏景景观效果。

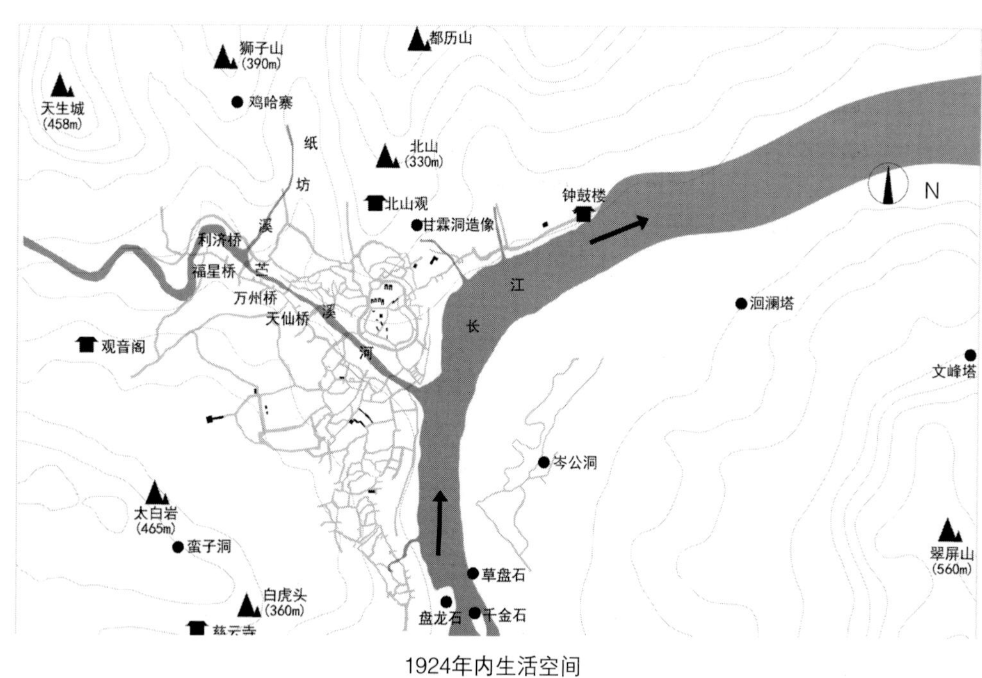

1924年内生活空间

1941年（民国30年）环境空间

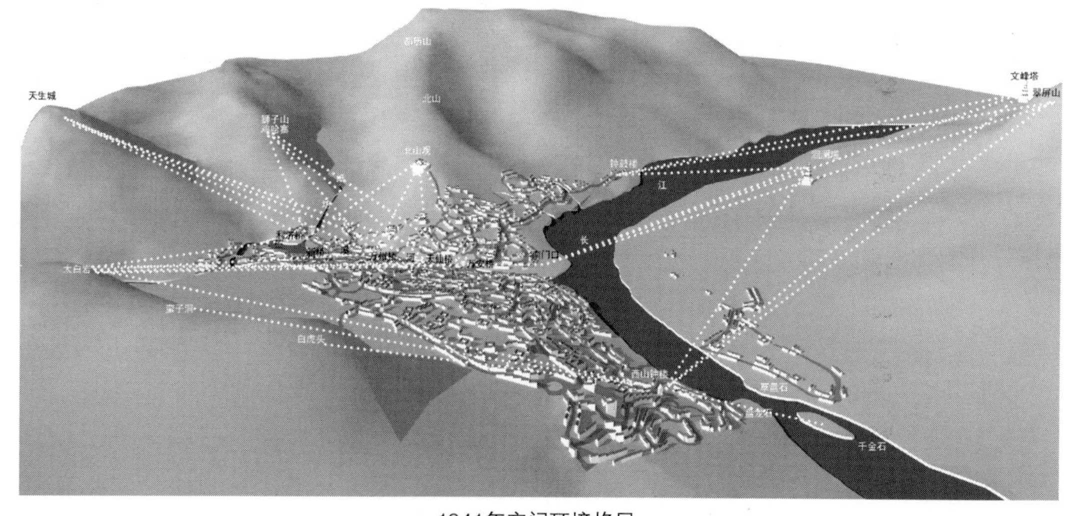

1941年空间环境格局

外环境空间

1924年后，万州古城墙被拆除，城池的城墙边缘空间消失。但由于古代城区建筑的高度相对偏低，加之利用地形优势合理布局，高低错落有致，城区外环境对内环境的的景观视线保持较好，少有被破坏和遮挡。此时期，江南也陆续新建有建筑群，与江北老城区和西城高笋塘片区相互之间形成对景；西城望江路一带，因地势高差较大，大多路段为单面街，视野开阔，不仅与长江对岸环境隔江相望，还与靠近长江的老城的内空间及边缘空间都能形成视线交换联系的对景效果[18]。

此时的边缘交换空间使长江、苎溪河两岸相互形成对景，以及望江路与长江、洄澜塔、文峰塔与翠屏山等外环境空间进行视线交换。

由内环境通往外环境视线交换的空间节点主要为公共活动广场、公园、水池等开阔空间和内环境外边缘空间，如城中南门口与太白岩、洄澜塔、文峰塔和翠屏山等外环境空间。

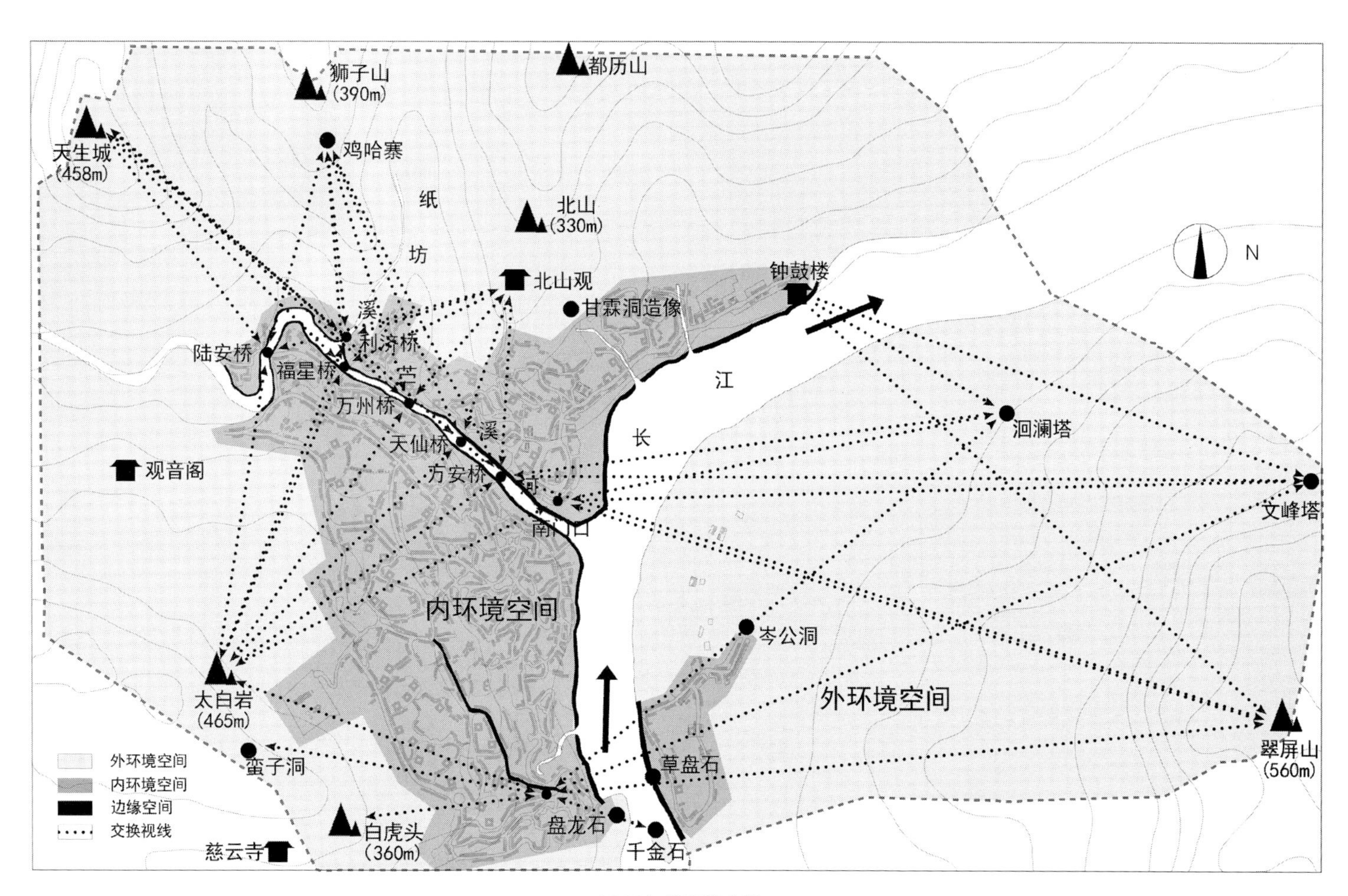

1941年外环境空间

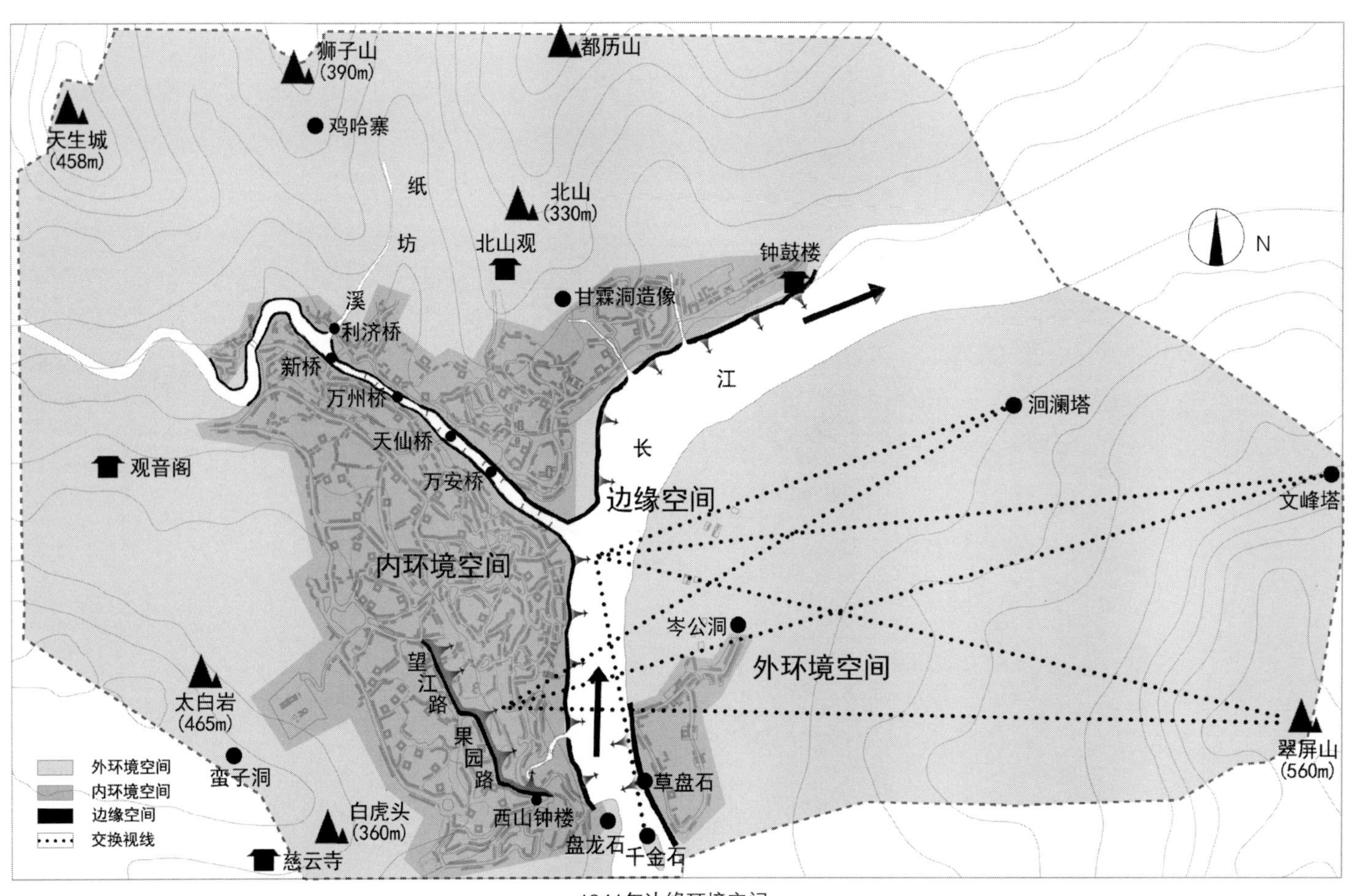

1941年边缘环境空间

内环境空间

此时期的城区内环境空间各个方向都能达到较远的距离，道路网虽错综复杂，但联系布局顺应自然，以隔、阻、引等手法，保证了外环境视线的通达性，城中具有较多的转折、转向、引导、停留的空间。

阻碍转折空间有天仙桥、万州桥、利济桥连接的古街、南门口与古街、广济寺与古街等街道空间；新城路、鸽子沟、孙家书房路等多条道路采用“L”形路线转折与西城的高笋塘片区连接。

城墙拆除后，通过城门视线的东门、小南门、西门的收敛引导空间消失，但生长了透过两个建筑之间通往长江的收敛空间，如杨家街口、南津街等多处空间；万安桥与正对的广济寺巷形成对景。

1924年，除高笋塘、钟鼓楼、车坝等阻滞停留空间依旧存在外，在北山观脚下修建了第一个公共性空间——北山公园。北山公园因地制宜，高低错落，具有良好的外部景观，它可与天生城、狮子山、太白岩、翠屏山、洄澜塔和文峰塔等进行视线交换。1926年又在西山观遗址上修建了西山公园。西山公园地理位置优越，位于半山腰靠近长江突出的西山山崖处，视域广阔，视线通透。1930年，在西山公园靠近江边处修建了高50米的著名的西山钟楼，能够与整个城区外环境中的大多数节点形成对景。西山钟楼与千金石（以及盘龙石与草盘石）、白虎头、蛮子洞、太白岩、翠屏山、天城山、文峰塔和洄澜塔等外环境进行视线交换[19]。

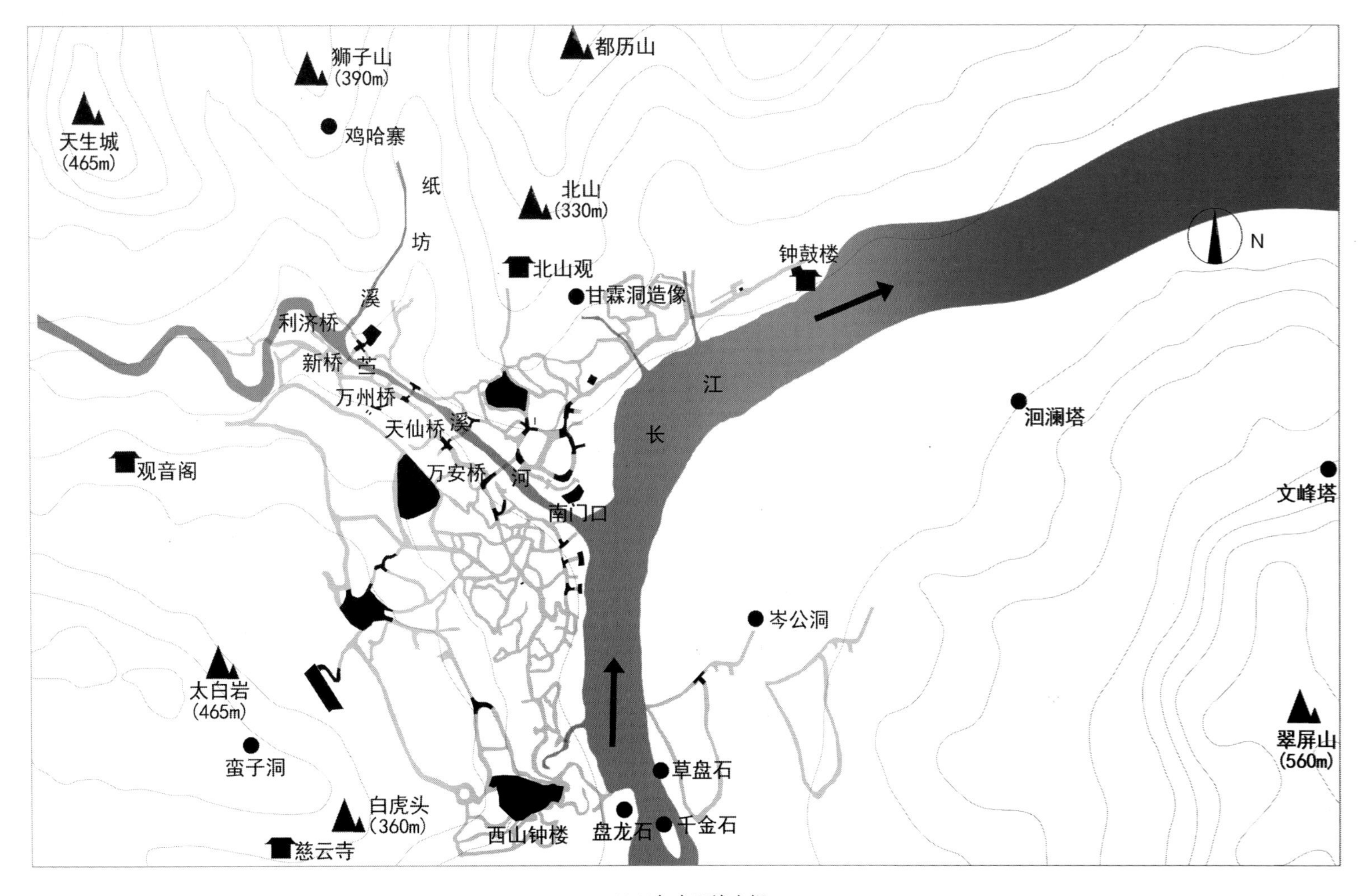

1941年内环境空间

内生活空间

城市空间的开放化导致城市中的私家院落减少以及部分院落公共化，多数为居民生活空间，具有较强的私密性。此时期的转换连接空间较少，主要分布在靠近江岸的地带，用于连接居民生活空间；院落空间多集中分布在大马路两侧；主要院落空间有白岩书院、九思堂、杨森公馆以及青羊宫、文昌宫等院落和寺庙空间。

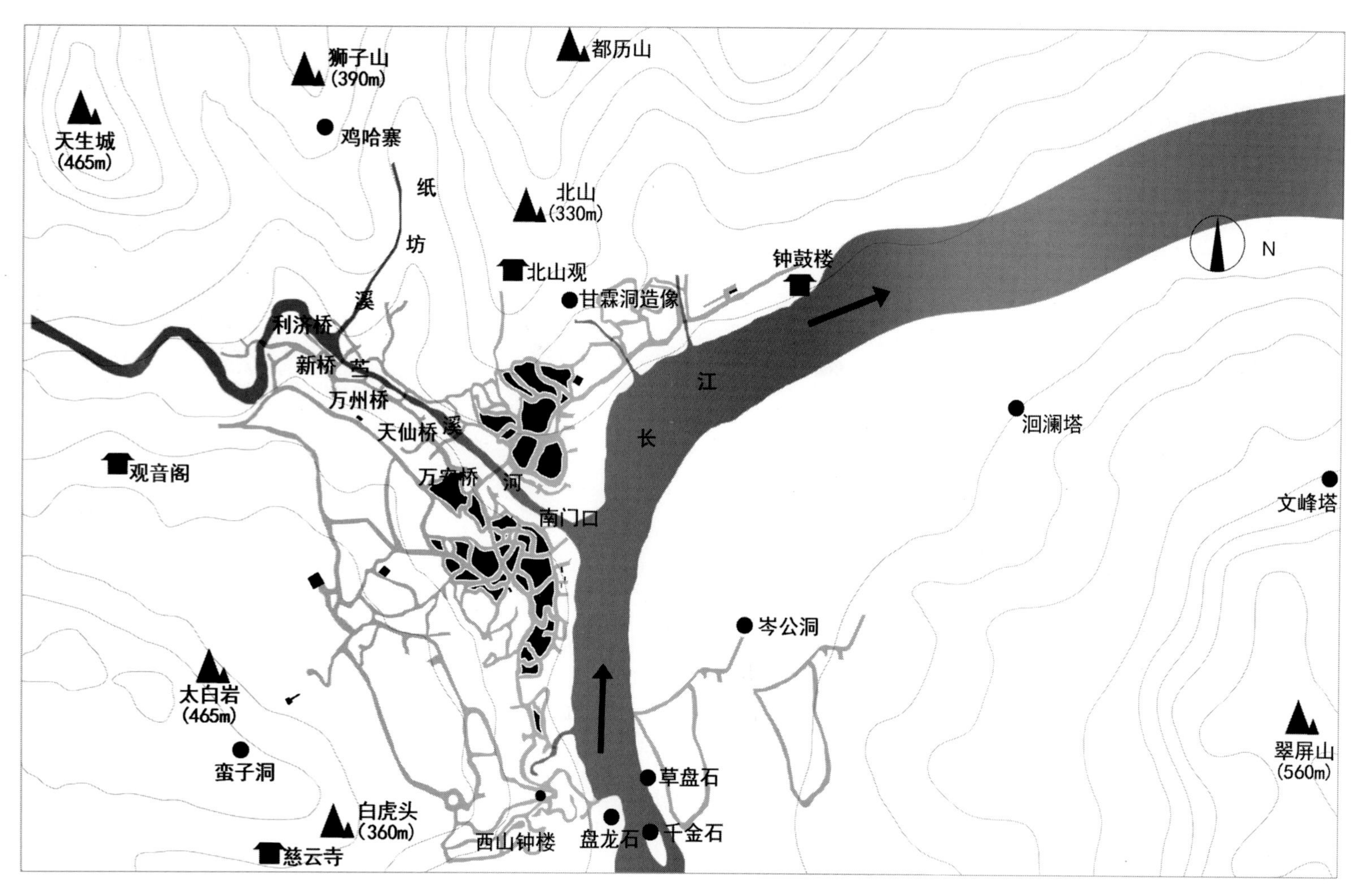

1941年内生活空间

现代万州中心城区环境空间

近代万州空间格局保持到20世纪80年代，期间万州中心城区的路网格局变化不大，但改革开放让万州的城市化进程加快，很多原始院落、寺庙建筑都因未受到有效的保护而被破坏。新修的建筑更多的考虑经济和功能，导致城市中很多转折、引导型内环境空间消失。2003年，三峡工程开始蓄水，对万州古城的影响较大，很多传统的街巷空间、明清院落、自然景观都淹没水下，仅有弥陀禅院向上搬迁到原北山观处；洄澜塔于原址向上搬迁50余米得以保留。古城淹没后，城市向山腰和两岸急剧扩张，建筑超高修建，建筑布局忽视了城市景观的需求，更多的为城市功能服务，导致原来对外交换的边缘空间、点空间等很多空间组合不复存在。

下面对万州古城被淹前后的1980年和现代的景观视线进行分析，对比其景观视线的差异，从保护城市景观层面，对城市的建设发展提出看法和思考，为万州空间演变规律的理论研究提供参考。

20世纪80年代环境空间

外环境空间

此时外环境空间中的景观要素依旧存在，但是随着万州北山脚下古城和钟鼓楼等高大建筑的湮灭，古城内环境中已基本丧失内外环境交换的空间节点，仅有南门口码头能够与外环境进行视线交换；古城以南的原车坝改建成和平广场，衍生出新的内外空间交换节点，和平广场与天生城、狮子山（鸡哈寨）、太白岩、洄澜塔、文峰塔和翠屏山等外环境进行视线交换。

城市中边缘交换空间变化不大，苎溪河、长江两岸的边缘空间依旧相互形成对景；新城路（原望江路，在中华人民共和国成立后改名为新城路）与长江西岸形成双层边缘交换空间，但是城市的高楼对新城路边缘交换空间有所遮挡，景观效果有所降低。

城市内外环境中的点交换空间依旧有天仙桥、万州桥、南门口码头、17码头（原杨家街口码头）和西山钟楼的空间节点。它们与外环境的交换还未受到城市建设的影响，能够与外环境进行景观视线交换。

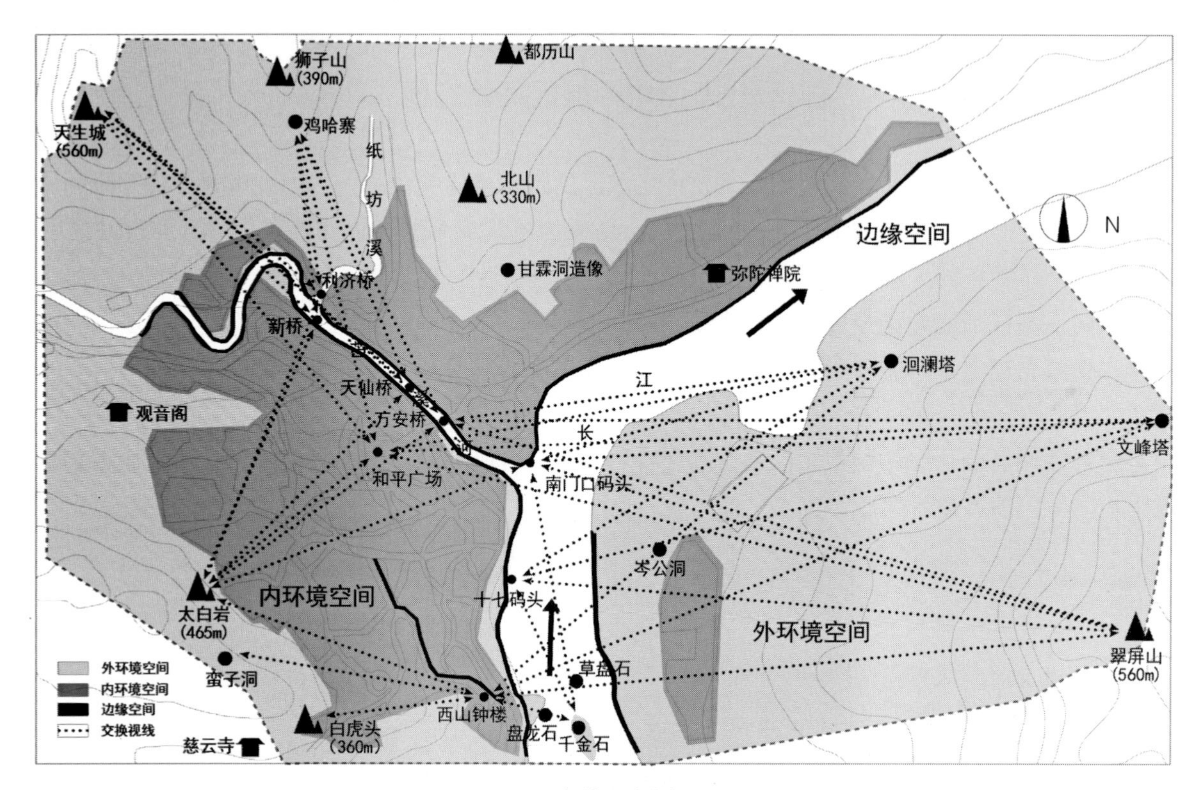

1980年外环境空间

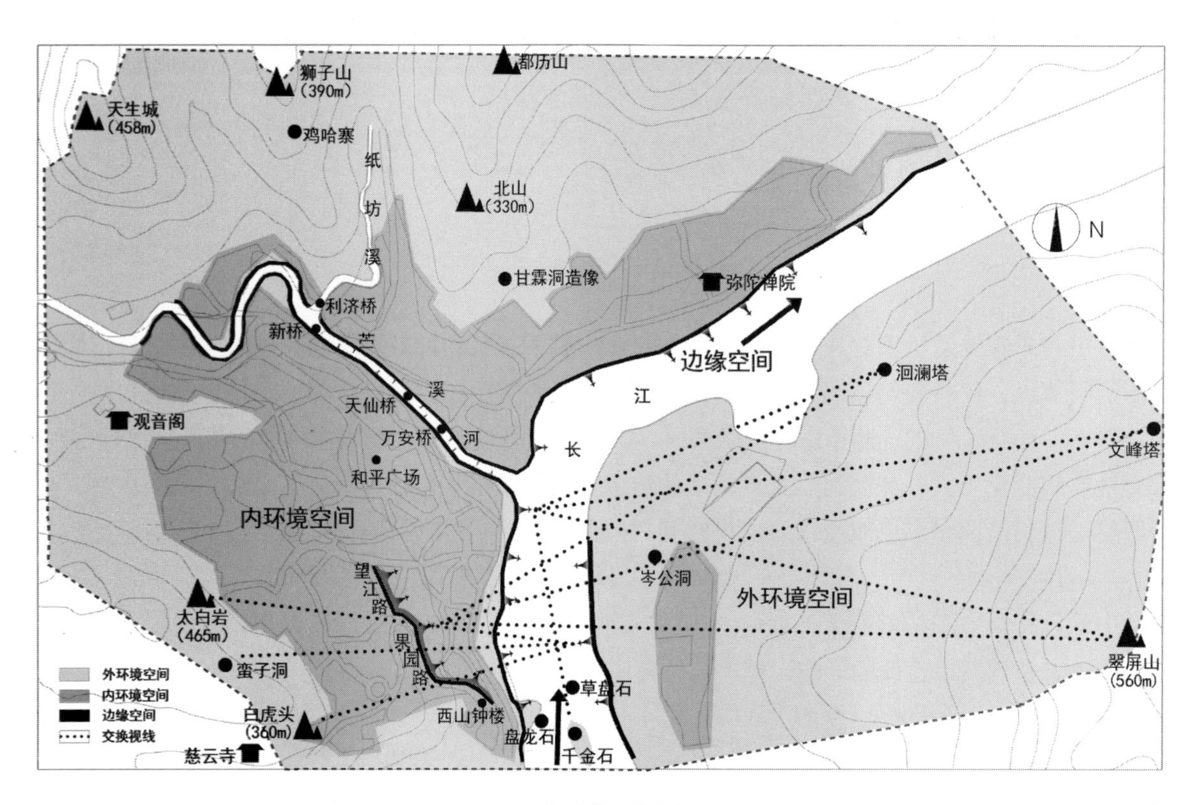

1980年边缘环境空间

内环境空间

这一时期，城市街巷空间变化不大，但是内环境空间中很多阻滞停留空间随着寺庙、楼宇建筑、祭祀广场的消失而消失，阻碍转折也随之削弱。城市街道以收敛引导空间为主，主要位于长江沿岸，可延续景观视线，正对长江以及翠屏山等外环境空间。

城市中阻碍转折空间有环城路与天仙桥、万安桥、高笋塘与鸽子沟、孙家书房路、新城路等地，主要利用曲线形道路将视线引入景观交换节点。收敛引导空间主要有大梯子与地委礼堂、盐店巷街道空间。

城市中明清时的阻滞停留空间基本消失，主要由现代城市公园、广场构成新的停留空间，主要有高笋塘、和平广场和西山公园，它们位于城市中的高处，空间开阔，视线通透，能够较好地与周围外环境进行视线交换。

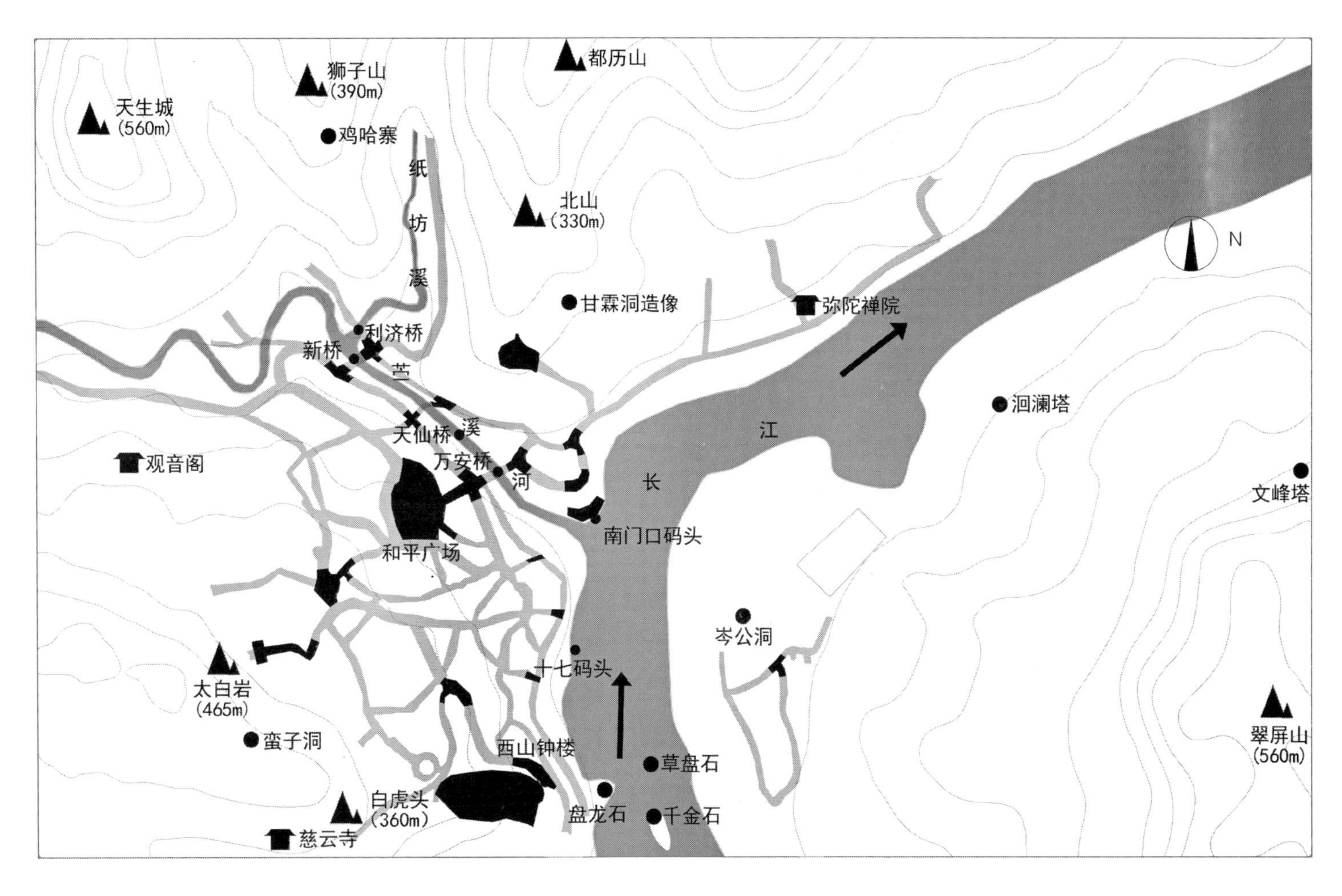

1980年内环境空间

内生活空间

因城市发展的需要，拆除了很多原有的寺庙院落空间，新建以商业服务等功能为主的开放型空间。内生活空间主要为道路网围合的民居院落空间。

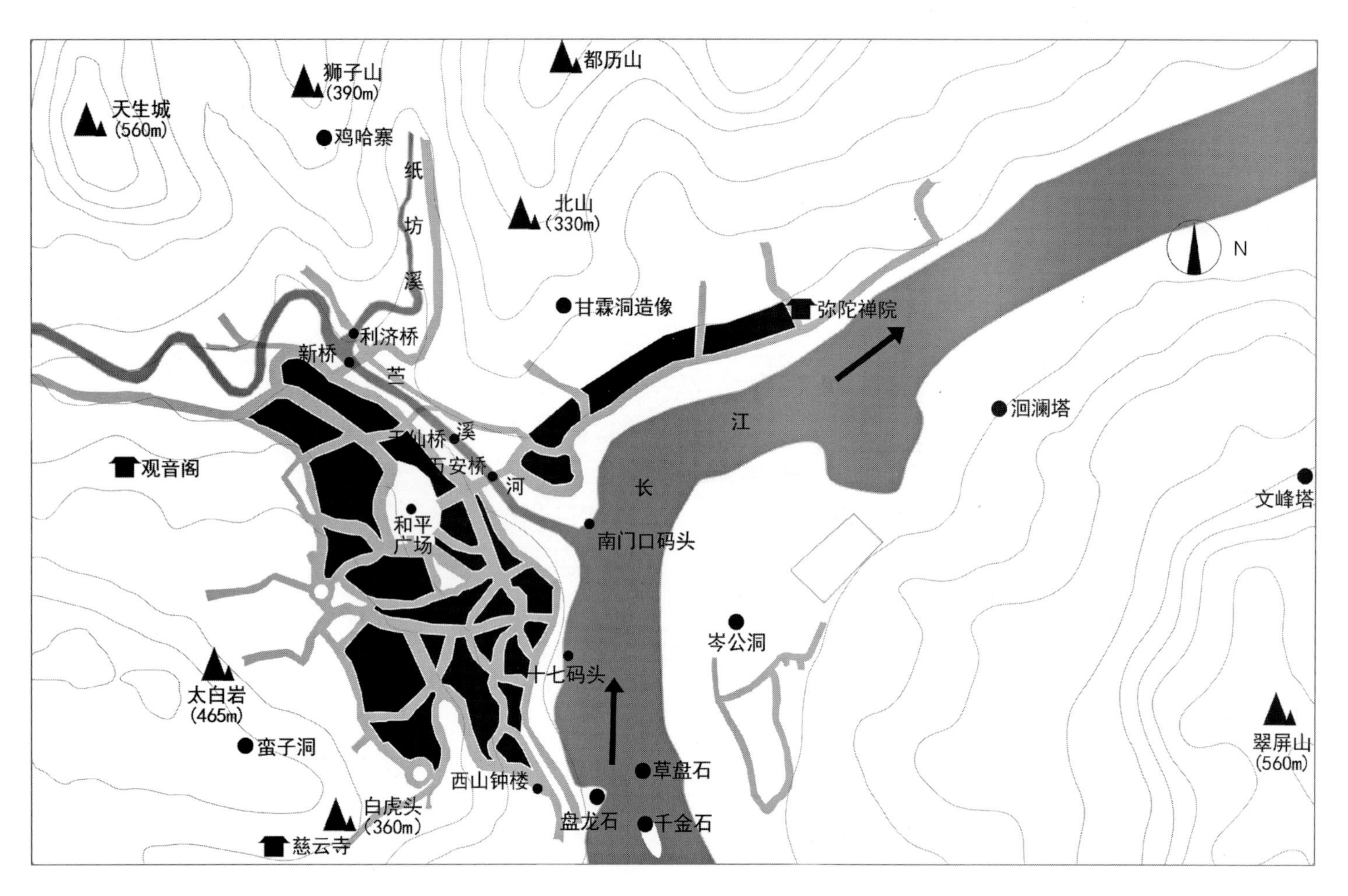

1980年内生活空间

现阶段环境空间（2010～2015年）

外环境空间

现阶段，北山已逐渐由外环境空间转变成内环境中的一部分。三峡工程蓄水后，原古城遗址已被完全淹没于长江中，同时淹没的还有磐石、千金石、岑公洞等自然景观；苎溪河也因水位上涨向两岸扩展蔓延形成天仙湖；城市外环境空间相对扩张至更广阔的区域。由于万州新城建设使得城市建筑高度极度增加，导致内环境中的点空间和边缘空间与外环境的交换视线大都被阻断。现如今，新城建设在长江、天仙湖沿岸均设置有中大型广场空间；江南新区的快速发展，其沿江一带的景观打造使城市内环境迅速生长，重新与外环境形成了新的视线交换空间。

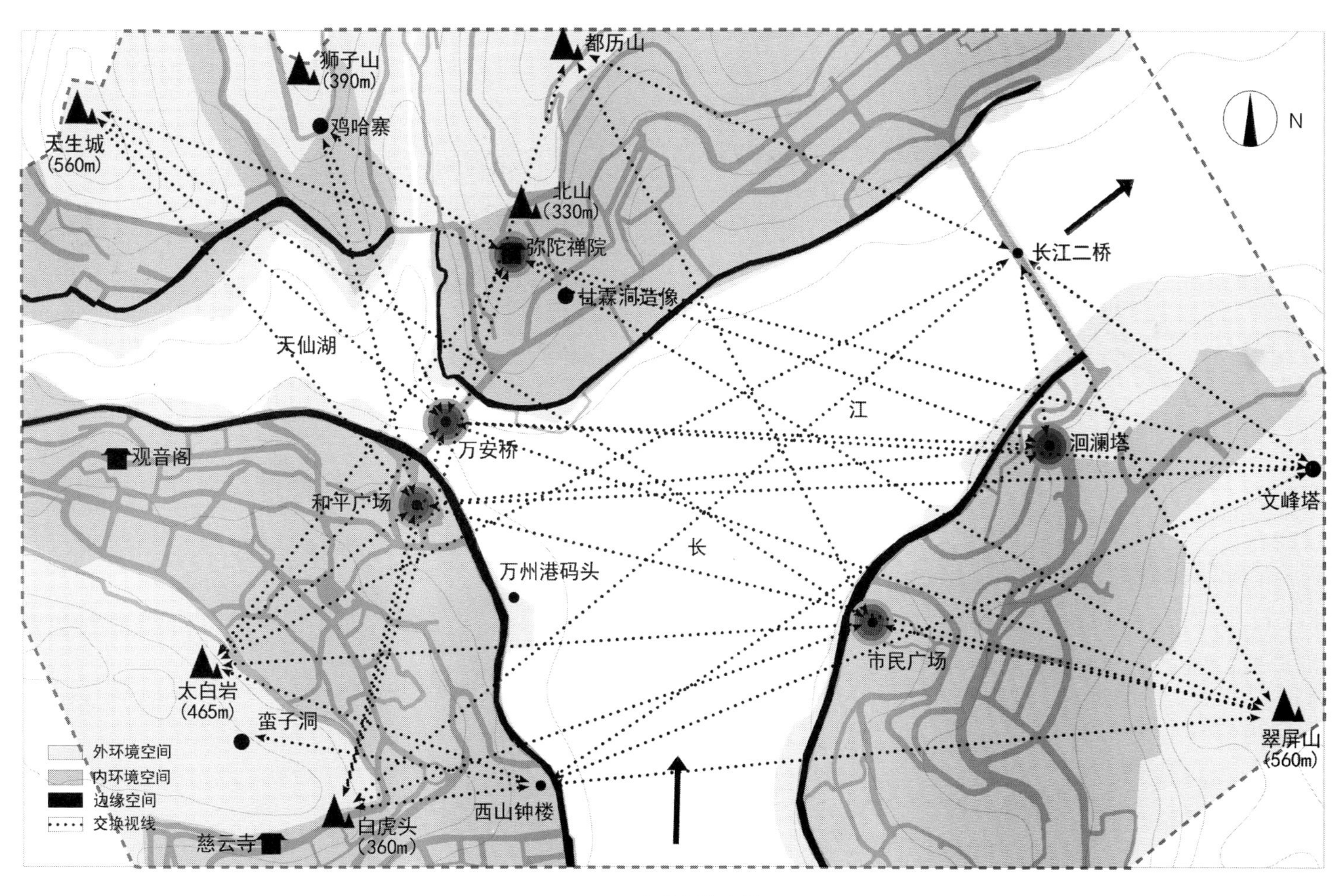

2015年外环境空间

这一时期的外环境空间主要有天生城、狮子山、都历山、洄澜塔、文峰塔、翠屏山、白虎头、蛮子洞、太白岩等特色自然风景制高点和人文景观节点，与内环境中的万安新桥、西山钟楼、和平广场、市民广场、天仙湖、滨江带等空间产生视线交换。

边缘交换空间因长江江面扩展以及江南新区建成，沿长江、天仙湖两岸的视野变得更加开阔，可相互形成对景和借景。但作为叠加空间层次的新城路一带的边缘交换空间视线却完全被高楼遮挡，仅留下部分线型和低质量的点空间。

这一时期的城市内环境中，具备较好景观空间视线的地方多集中于城市沿江一带的滨水空间，如市民广场、音乐广场、南门口广场、和平广场、西山钟楼、长江二桥和三峡移民广场等公共空间。沿江广场空间相互串联形成边缘空间带。滨江带与外环境空间因各自所处视点、视角和海拔的不同，所达到的景观效果与层次也不尽相同，彰显出“步移景异”的景观效果，如市民广场与太白岩、白虎头、天生城、狮子山、都历山和翠屏山；音乐广场与都历山、太白岩、白虎头、蛮子洞、洄澜塔、文峰塔和翠屏山；长江二桥与太白岩、洄澜塔、文峰塔和翠屏山等处，都能够进行很好的视线交换。然而被淹没于水下的钟鼓楼、天仙桥、万州桥等点空间却已消失；高笋塘的史迹空间也消失殆尽，再也无法与太白岩、天生城、狮子山、北山和长江形成景观交换。

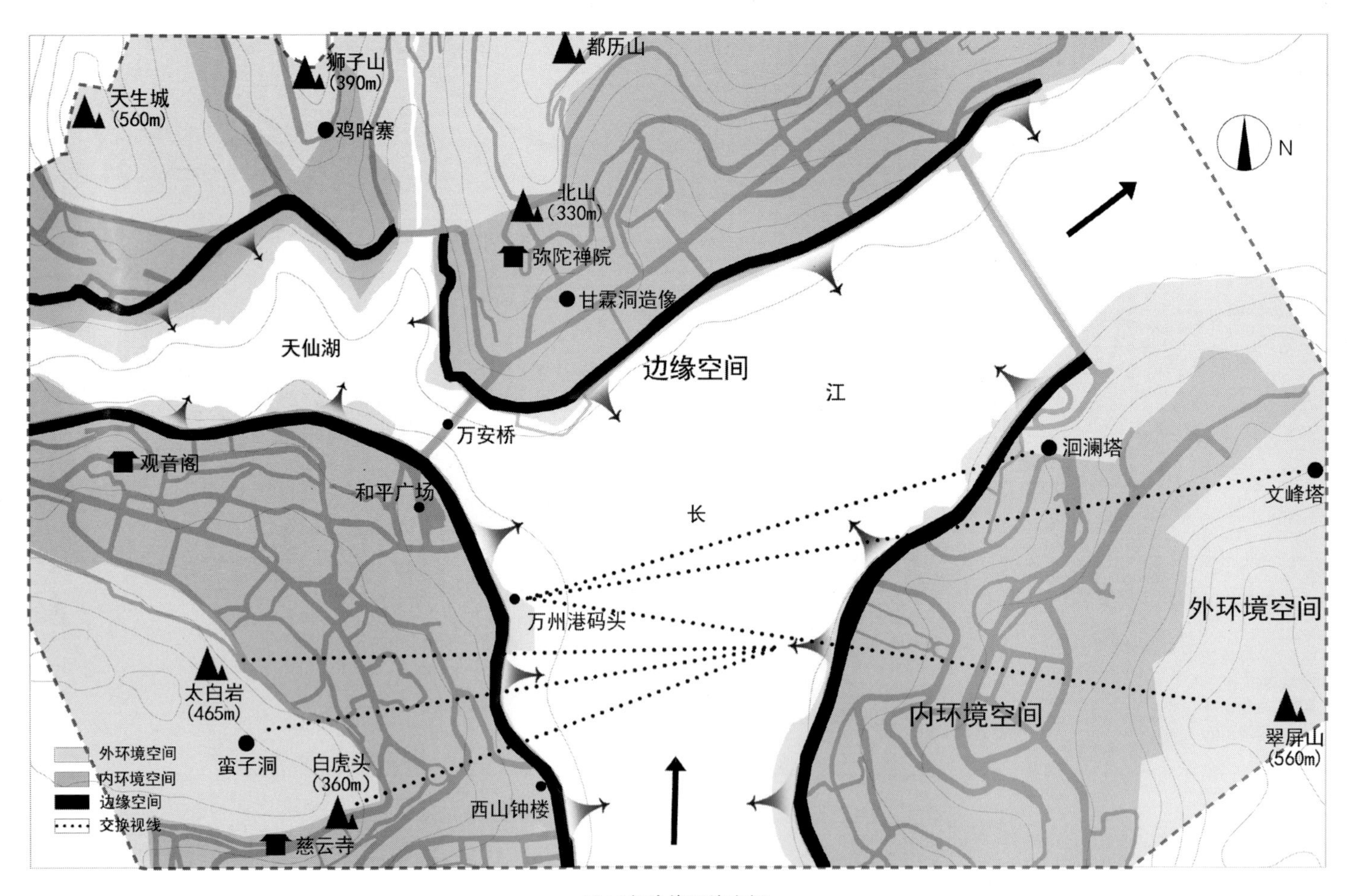

2015年边缘环境空间

内环境空间

现阶段的万州中心城区，古寺庙等院落空间已不复存在，多数引导、收敛、转折型街道空间均消失，如古城区、西山下城区等内环境空间已消失；而城市中新建了更多的阻滞停留空间，如建筑群中的市民广场、万达广场、传统街区等，形成的收敛引导空间延续了景观空间效果，创建了部分新的内外交换空间格局。

迁址重建的北山弥陀禅院作为新生长的阻滞停留空间，已基本融入生活区之中，兼有停留游憩和内外空间交换的双重功能；高笋塘虽已填平，但与流杯池史迹相连，形成现代广场的阻滞停留空间，但因四周高楼林立，严重阻碍了四周向外空间的视线交换；位于长江二桥南岸的南山公园，因地制宜，修复生态环境，高架游步道既不对植物景观生长造成影响，又可提高人的观赏视角和视域，游步栈道错落有致，无景则避、有景则引，具较好的观景效果。

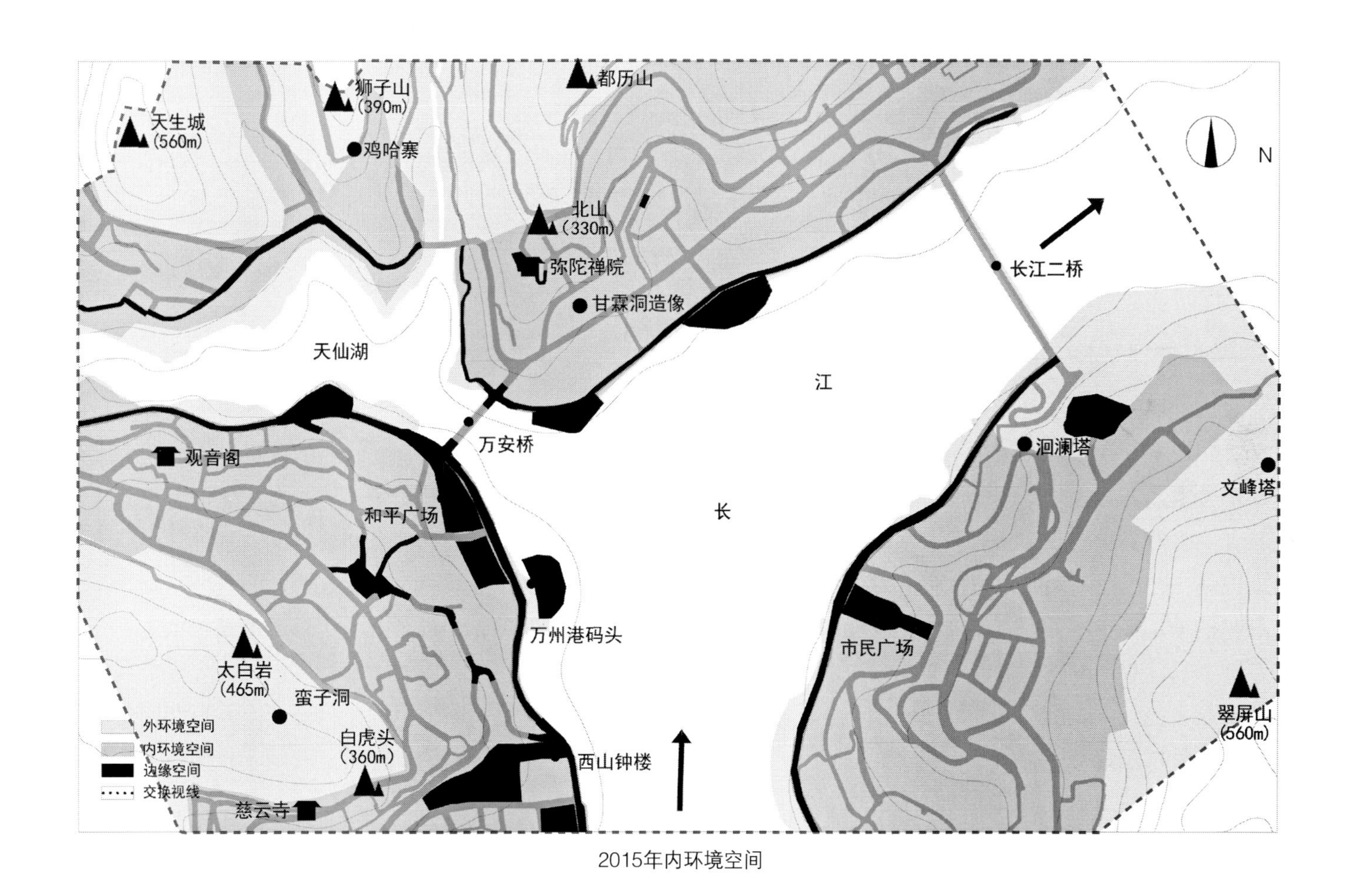

2015年内环境空间

内生活空间

内生活空间在现代化城市进程中受到极大的挤压。明清时期的九思堂、文昌宫、广济寺、五显庙、青羊宫、关岳庙、张飞庙、石佛寺、万寿寺等院落空间均已消失，空间被高楼大厦充填。现仅存的有白岩书院原址上的军分区旧址、防空指挥部（杨森公馆）等部分传统院落空间。

万州古城环境空间演变小结

明清以前

万州古城城址自蜀汉刘备分朐忍地置羊渠县，为万州建县之始，到北魏迁移到苎溪河旁的北山山麓，万州古城城址先后经历了四次搬迁才落定，一直到今天万州古城被淹没于长江中。从北魏到明清时期，古城背山面水，坐北朝南的格局基本形成，背靠北山，面朝长江，东望翠屏，西眺太白，造就了古城周围良好的自然环境。

这一时期，沿城门通往外界的道路上民居较少，多数民居在城内，由此古城的内环境局限于城墙之内，内外交换主要由城墙以及城门等边缘交换空间构成，构成逆向空间的初级阶段，城市空间演变不明显，内外环境交换较为单一，逆向空间多层次、多类型的内外交换空间形态表现不明显。

清代时期

万州古城内部空间在明清时期发生了较大的变迁。特别是清代前期，古城的空间上主要是竖向上的发展延伸，城池内部道路位于不同高程以及从古城到北山观沿线一带，形成了竖向上多层次的边缘交换空间组合。这一时期的社会较稳定，促进了万州古城经济的发展。万州古城毗临长江，是古时商船通往重庆的必经之路，因此，多数商船在进入重庆之前会在万州停留，万州古城沿长江一带逐渐出现码头，比较著名的有官码头、盐码头，它们为内外环境交换的点交换空间。另外，内环境空间初步突破了城墙束缚，苎溪河两侧的道路也联系得更为紧密，出现了万州桥、天仙桥和利济桥等点交换空间。

码头数量的增加促进了万州古城经济的发展，万州陆上经济也相应得以发展，促进了古城街道的生长，街道主要顺应地形地势沿苎溪河、长江水平延伸，而建筑布局顺应道路景观的需求，沿道路两侧布置，古城街巷蜿蜒曲折，形成丰富多样的内环境空间，既有利济池、书院院落等停留空间，又有环城的古街转折引导空间。这一时期，除了内环境空间形态变化外，传统的文化延续促进了万州院落空间的发展，在原有基础上，分别重建了城隍庙、文庙和武庙，同时，新建了相国祠、文昌宫和张飞庙，它们各自围合成封闭或者半封闭的院落空间。

由于当时落后的社会生产条件，城市发展对城市景观视线的破坏较小，城市外环境空间能较好地进行景观渗透。同时，城内道路结构在空间上的多层次、多类型表现为内外环境交换空间形态的多层次、多类型。

近代时期

清末以来，我国处于特殊的社会背景下，长期的闭关锁国制约了经济发展。光绪28年开通万县为通商口岸后，外国商品输入和内部产品（如桐油、蚕桑）输出促进了万县城市的发展，在万县古城沿江一带快速发展形成的码头多达48个。而古城之中，环绕城墙已经形成错综复杂的道路网结构，城墙内部为“城中之城”，古城内外的交换变得更有层次，城区内部的城墙使得内外环境的交换不论是在平面还是竖向上都层次分明，各有特色；但城墙阻碍了城市经济的发展和空间的统一性。1924年，城墙被拆除后，北岸内外环境交换的层次有所减弱，但交换的空间范围更广。南北的联系因为经济的发展更为紧密，先后在原来的基础上出现了万安桥、福星桥等边缘点交换空间。

苎溪河南部在近代经济快速增长中得到快速的发展，内部街巷多采用阻、隔、放等方式构成古城内部道路系统，从而形成较多的“L”形和“T”形转折引导空间。随着城市的扩张，在望江路一带，地势高差较大，形成内环境中的边缘空间带。随着与西方经济交流的加强，西方文化对我国传统文化也产生了冲击，广场和公园在万州城中开始出现，如北山公园、西山公园，形成了内外环境中的点交换空间。另外，随着基督教和伊斯兰教的传入，在万州出现了教堂、钟楼和真原堂等建筑，钟楼与广场相结合，成为广场的重要标志点；而教堂独立成院落空间，供人们交流和祈祷。

后期，人们对于经济和利益的追求更为重视，忽视了对古城内部院落和景观视线的保护，加上当时的社会背景，新城的建设更多趋于街区型，我国很多传统的民居院落逐渐衰败和消失，在北山古城一带，文庙、武庙（关岳庙）、城隍庙等我国传统的祭祀院落建筑相继被毁，仅留下文昌宫、书院等少许院落空间。

现代时期

改革开放前期，万州古城的空间发展已经逐渐不如人意。城市的内外环境空间受到了极大的破坏，城市的功能更多地取代了城市的景观视线和视觉效果。城市桥梁、广场、码头等边缘点、面交换空间视线受到阻隔，留下的仅为部分低质量的点交换空间。21世纪初期，三峡工程开始蓄水以后，万州古城全淹于长江中，古城中除了小部分重要建筑（钟楼）搬迁外，原有的院落空间基本上消失殆尽，高笋塘、和平广场等内外环境交换的视线基本被隔断。但旧城更新更加注重城市景观的需求，如南北滨水区建设注重线形空间的展示与交换，江南新区市政广场和市民广场正对苎溪河、天生城与高笋塘片区等形成对景，新增了内外环境交换空间，延续了景观序列。

在今后的万州城市发展中，应更加注意遵循空间演变的组合规律，保护城市空间的视线通透，合理地开发和利用城市空间，更好地展现万州作为一个山城特有的三维空间景观层次，形成良好的城市内外环境景观视觉效果。

第四篇

历史万州城区主要环境空间意向表达[①]

主要外环境空间

在中国古代，几乎所有的古城近郊都会存在许多优美的山水名胜。这一方面是由于注重城池风水选址，离不开依山傍水，必然会借用山水环境，采取修建亭台楼阁等修景方式来改造风水；另一方面，也是为了美化人居环境，陶冶性情。于是，古人就常采取因城设景，或因景选城的手段建设城池，每个地方都常有“八景”或“十景”之类的景观。古人将郊外的山水景观通过视线廊道引进城内，同时美好的山水景观也将人的情感引到城外，人与自然和谐共融的场景就构成了“云在画中走，人在画中行”的中国山水画空间环境，也就成了当地人文景观和自然景观在外环境空间中的主要部分。

外环境交换空间——万州古八景[②]

“万州八景”，最早由宋代赵善赣任郡守时提出。以后，明代沈巨儒有八景诗，清代乾隆年间知县刘高培、咸丰年间县令丁凤皋均有八景诗。

万州古城，乃渝东名都，上束巴蜀、下扼夔巫，风景如诗、水土如画，为历来文人向往的地方。在现存的古代文人咏万州的诗歌中，有相当一部分是描写“万州八景”的。

在万县历代县志中，都记载了古万州的“八景”或“十景”，如清同治《万县志》记录了“万县十景”：岑洞水帘、峨眉碛月、金岛印浮、仙桥虹济、鲁池流杯、秋屏列画、西山夕照、天城倚空、白岩仙迹、都历摩天。

① 本篇内容列举的空间节点以及效果图注后面括弧中的时间注释均依据某时期照片和文字资料记载的时间建立的3D模型。

② 本节文字内容主要引自（清）张琴修，范泰衡.万县志.（清同治五年刊本）[M].台湾：成文出版社，1976.；重庆市万州区龙宝移民开发区地方志编撰委员会.万县市志[M].重庆：重庆出版社.2001.；互动百科：http：//www.baike.com/gwiki/万州八景。

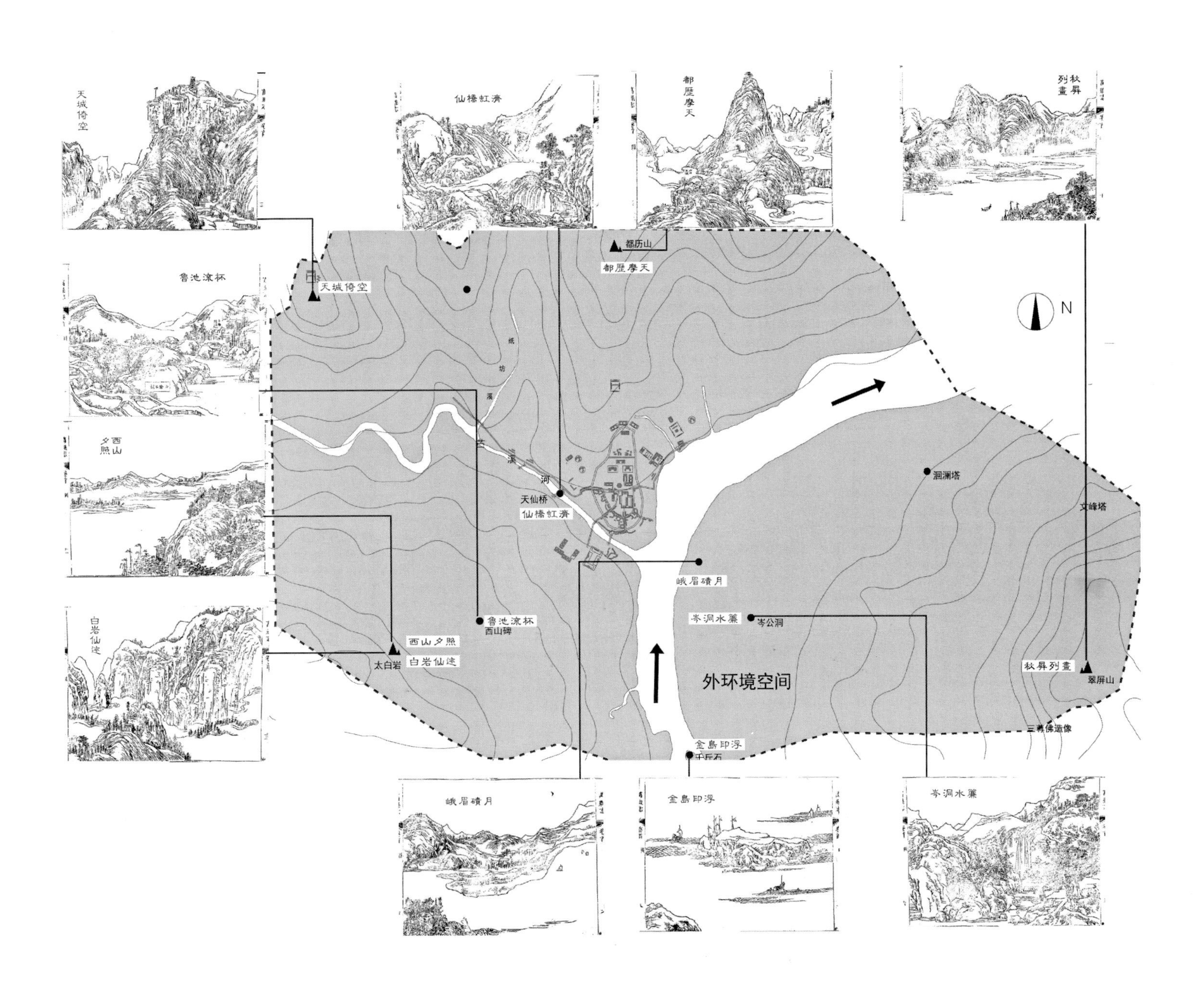

清代时期分布于外环境空间的“万州十景”[2]

八景之一——鲁池流杯（宋代）①

鲁池始建于北宋年间，位于万州西山北麓，与流杯池相邻，为宋代文化遗迹。宋代以前，此地曾是一片低洼的沼泽地。宋至和元年（公元1054年），南浦太守鲁友开主持开凿聚水，凿出了一个“池广百亩”的池塘，并在水池中种莲。在池塘周围“建亭三，名高亭、鉴亭和集胜亭，三亭之前列射棚，植花木”。后成为州人游览之胜地。人们为纪念他的凿池之功，命名为“鲁池”[5]。

宋嘉祐八年（公元1063年）冬，员外郎束庄续任南浦太守，又扩建了鲁池。据《万县志》记载[2]，束庄首先在池南岸修建一亭，曰：“碧照亭”，取“水之碧波荡漾”之意，又在此亭数步之遥处建一“土地祠”，以“安神灵”；祠之北，柳荫翳茂处又建一亭，名“柳荫亭”；亭之西有一块丈余见方的青石，形如席，束庄令人凿成石沟，引水环注其间，即流杯池。流杯池又称“曲池”，也称“曲水流觞”，和鲁池相距不足30米，为流杯饮酒之处，供文人墨客围坐池边，浮酒杯于池中，任其漂流，停于君前，随即饮酒助兴赋词。并在此旁盖一茅亭，名“玉亭”。之后，又先后在鲁池上修建了“西山亭”和“飞云楼”。此时的西山下，鲁池旁亭榭林立，为川中和渝东少见之胜景。流杯池占地2000平方米有余，有名人石刻多处。流杯池与鲁池为邻，故称“鲁池流杯”，为古万州的一大人文胜景。在流杯池畔有北宋黄庭坚撰写的《西山题记》石刻，后俗称“西山碑”，属历史艺术珍品。西山碑以天然山石一块刻成，离地面约3米高。

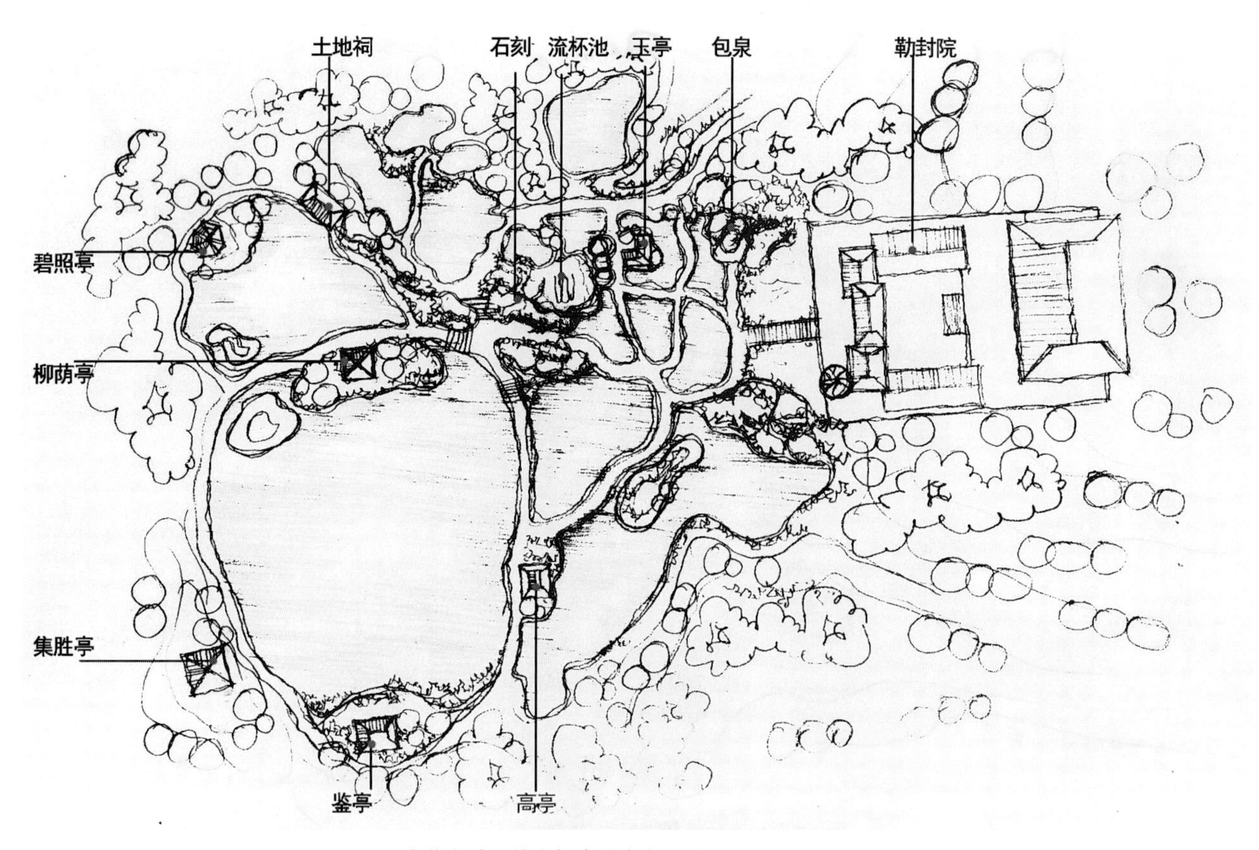

宋代鲁池环境空间布局意向图（据县志描述编绘）

① 见附录全景图。

宋代鲁池全景复原模型图

相传建中靖国元年（公元1101年），黄庭坚乘船顺江东下，在早春二月的一天抵达南浦，应南浦太守高仲本之邀，到西山游览饮宴。西山在郡城的西面，趟过一条大沟（苎溪），登上半山，但见竹柏茂密，遮天蔽日，山泉汇流至此，形成一个大湖（即今高笋塘），湖的四周环绕着亭阁水榭。又有名叫“勒封院”的五幢庙宇建筑，其楼观重重叠叠，在薄雾之中或隐或现，它们的倒影也映在明净的水中。面对这如诗如画的美景，黄庭坚喜上加喜，挥笔撰书《西山记》，赞叹：“凡夔州一道……林泉之胜莫与南浦争长者也！”

鲁池，从唐宋时期伊始，直至清末民初，一直作为万州古城的景观外环境交换空间被利用，而且是一处文人墨客赞颂的优秀风景名胜。

鲁池的空间环境自唐宋起一直是古万州主要的胜景标志，属外环境空间，直至清代后期，才逐渐荒芜；民国初期城建时逐渐被填挖改造，空间开始封闭，逐渐成为城镇内环境空间的“高笋塘”，但直到20世纪末依然在四周留有与太白岩、天生城、北山观和长江的空间视线。此后，高笋塘对外环境空间视线交换作用逐渐萎缩、封闭，直至消失。

鲁池勒封院

鲁池场景模型

鲁池场景模型

玉亭

柳荫亭

高亭

碧照亭

鉴亭

集胜亭

鲁池场景模型

外环境边缘（连接）交换空间

福星桥（20世纪80年代）

福星桥又名新桥（“文化大革命”时名红星桥），位于苎溪河与纸坊溪交界处下游，是苎溪河上第二座石拱公路桥，连接北山古城和高笋塘，民国十七年（1928年）由杨森主建。桥面原为条石镶砌，1979年改造为沥青路面，三峡工程蓄水后被淹没于天仙湖中[①]。

福星桥桥长十六丈六尺，宽三丈六尺，厚三尺，凡三孔，中孔高四丈二尺，空宽三丈六尺，左右两孔高与中孔同，空宽各四丈。中华人民共和国成立后，万县市长途客车站设于此桥附近的较场坝。

福星桥横跨苎溪河，作为内外环境交换的边缘空间之一，其与外环境中的北山观、狮子山（鸡哈寨）、天生城和太白岩进行视线交换。城市发展对福星桥景观环境的影响较小，到20世纪80年代，福星桥与外环境空间的视线交换一直保持较好，直到福星桥被淹没，其作为边缘交换空间的作用消失。

福星桥模型

① 《万县地区城乡建设志》编委会，万县地区城乡建设志（1991—1992）［M］（内部刊物）。

陆安桥（20世纪80年代）

陆安桥位于三马路天德门外的苎溪河上，为单孔石砌拱桥，桥两端为石砌阶梯，属尚存罕见的糯米石灰浆砌料石的马鞍形古石拱桥。清同治十年（1871年）余茂林独自捐修。桥长16.65米，全长59.8米，跨度为37.1米，宽9.6米，长、宽、高及外观近似万州桥。桥结构参照万州桥设计，建桥时也采用万州桥木架拱模，拱券为横联券法，具有跨度大、拱薄的特点。桥面呈阶梯状，两侧为阶梯式挡墙①。

陆安桥建成时，四川学政夏子锡来万踩桥后题名“陆安”，因此得名，并奖给余茂林“从善如流”四字匾额一块。

陆安桥一直为陆家街居民以及附近厂矿职工、天城附近乡民进出城区重要的步行通道。中华人民共和国成立后曾数次维修，尤其是在1964年10月，耗资10071元对其进行大的整治加固；1992年又对桥的结构和桥面进行了加固整治。

陆安桥与外环境中的北山观、狮子山（鸡哈寨）、天生城和太白岩进行视线交换，因陆安桥为单孔石砌拱桥，桥中间高、两端低，抬高了交换视点，加强了内外环境的景观视觉联系。三峡工程蓄水后，原始空间环境消失，陆安桥整体原样被搬迁至现青龙瀑布景区。

陆安桥模型

① 《万县地区城乡建设志》编委会，万县地区城乡建设志（1991—1992）［M］（内部刊物）。

驷马桥（20世纪80年代）

驷马桥位于盘龙石（盘盘石）附近长江边的太平溪口，桥两端自生基石为桥墩，中为卷洞。清同治十年，由达忠州道监生程善宝募建。桥为平桥，长20米，宽4米。

驷马桥初为步行桥，随着城市建设和经济的发展，尤其是沿江修建了下河引道，盘龙石建了货场及码头后，逐渐改建为公路桥。

1982年，驷马桥改造为水泥混凝土桥面，并将桥加长为30米，宽9米。1989年驷牌公路建成通车后，该桥已成为城区第三个公路桥梁。三峡工程后，被砌筑保存于三峡移民广场之下[①]。

驷马桥作为万州较早修建的桥梁，同时作为万州南部的重要边缘交换空间，其与外环境中的太白岩、白虎头、西山观、千金石、翠屏山、戴家岩进行视线交换。清代至民国时期，驷马桥距内环境空间较远，为外环境空间的点交换空间，民国至现代时期，城市向南发展，驷马桥逐渐成为边缘连接交换空间，但其与西山观的视线交换消失。

驷马桥模型

① 《万县地区城乡建设志》编委会，万县地区城乡建设志（1991—1992）[M]（内部刊物）。

万州桥（20世纪30年代）

万州桥位于天生桥上方约100米处，桥下游约8米处为印盒石。建于清同治九年（1870年），由县人王文选倡募，绅民捐七千二百缗犹不济，余茂林、贡生陈寿龄先后以千余缗助之。桥两端为石阶梯，故只供步行。系单孔横跨苎溪河的石砌拱桥，长十丈，宽二丈八尺，高五丈八尺。同时，众民义务抬石，石工数十人，经数年落成。光绪十九年（1893年），王文选复募经费七百余缗，修房子六间于桥上，使桥景更为壮观。20世纪50年代中期，桥房将倾倒时被拆除。1970年5月29日，苎溪河山洪暴发，历经百余春秋的万州桥被连基冲垮[①]。

万州桥是一座古朴而典雅的人行石拱桥，全桥呈半圆形，桥身、桥拱以青石条块垒叠砌筑而成，不雕不琢，简单纯朴。弧形的万州石拱桥耸立于苎溪河上，与背景天生城相得益彰，为万州景色增添了异彩，为南北城居民增加了方便。

单拱凸出的万州桥视点较高，能够与外环境中的北山观、鸡哈寨（狮子山）、天生城和太白岩进行较好的视线交换。清代万州桥为外环境空间中的点交换空间，后逐渐转变成边缘交换空间，民国以后城市发展成为内环境空间的一部分。

万州桥模型

① 《万县地区城乡建设志》编委会，万县地区城乡建设志（1991—1992）［M］（内部刊物）。

万安桥（20世纪80年代）

万安桥又称大桥，横跨万县城东西，位于苎溪河口。杨森驻万州时倡建于民国15年（1926年），1927年大部建成。桥两旁人行道桥面、扩栏等工程由21军第三师师长王陵基主持，于1929年落成。修建时曾拟名“中山桥”“森威桥”，后定名为“万安桥”（“文化大革命”时期曾改名为“反帝桥”）。万安桥的建成沟通了万县东、西老城与新城区的往来，结束了明清时期竹木桥和石板桥（古称太平桥）以及大洪水期间交通阻隔的历史[5]。1999～2001年，在万安桥上游新建成新万安桥，2003年，老万安桥因移民搬迁炸毁。①

万安桥模型

老万安桥长三十丈，宽六丈二尺（含车行道四丈四尺，两旁人行道各九尺），厚八尺。凡三孔，中孔空宽十丈零八尺；中孔桥面至桥底相距十二丈；南北两洞空宽各六丈；下筑牙堤高五丈，桥距堤高一丈八尺。桥两边有护栏。桥身起拱点以下的桥墩全部从河床石基底部用石料砌筑，桥拱采用青砖砌筑，桥两边保护层由石料砌筑。中华人民共和国成立后，曾多次对万安桥进行加固处理，同时，也对桥面结构和设施进行过改善，增加了万安桥的美观和舒适性②。

万安桥位于苎溪河与长江交汇处，周围视野开阔，能够与外环境中的多数节点进行视线交换，包括洄澜塔、文峰塔、翠屏山、北山观、鸡哈寨（狮子山）、天生城和太白岩等。古代太平桥一直为古城的外环境空间和边缘空间，正对城池小西门；民国在原址建万安桥后，东西两岸城市发展成了内环境空间和景观交换的重要节点。三峡工程蓄水以后，老万安桥被毁，长江和苎溪河水面扩展，新万安桥视域更加开阔，依然是整个万州城区中较好的边缘空间和节点之一，能够与外环境中的洄澜塔、文峰塔、翠屏山、北山观、鸡哈寨（狮子山）、天生城、白虎头和太白岩进行很好的视线交换。

① 永恒的记忆—淹没线下老万州桥梁篇.http：//www.docin.com/p-912819632.html.

② 《万县地区城乡建设志》编委会，万县地区城乡建设志（1991—1992）［M］（内部刊物）。

利济桥（20世纪90年代）

利济桥位于纸坊溪口，与较场坝接壤，是单孔石拱平桥。由县人耆寿谭奇学、谭奇性筹募修，建成于清乾隆十五年（1750年）。利济桥桥长12米，宽7米，高7.5米。中华人民共和国成立后，曾数次维修加固，载货车辆往来频繁，随着城市建设发展，成为联系万州古城与梁州内陆的重要通道[①]。

利济桥是万州较古老的桥梁之一，早在同治五年（1866年）地图上就显示有利济桥。利济桥与万州桥相似，最初的利济桥为外环境中的点交换空间，随着城市的发展，逐渐成为边缘连接交换空间，能够与外环境中的太白岩、天生城、鸡哈寨（狮子山）和北山观等进行视线交换。民国以后，成为内环境空间和较好的景观节点。

利济桥模型

① 《万县地区城乡建设志》编委会，万县地区城乡建设志（1991—1992）［M］（内部刊物）。

鸽子沟（20世纪70年代）

据说，鸽子沟名称源于这里水景丰富，景色优美，野鸽子众多。鸽子沟在丰水季节的流水较多，每逢暴雨，溪水奔腾咆哮，形成多级小瀑布。流水源于高笋塘，溪水流过关门石街巷北侧，经卫校，顺北侧山凹自然水沟蜿蜒而下，临近沟口，地势陡变形成二三十米的巨大瀑布直落而下，非常壮观。流水至电报路和复兴路交叉路口出鸽子沟口后，经地下水渠流经和平广场大会堂西北侧露头，再顺山势而下，下穿三马路，流入苎溪河，下段称公瓦溪。实际上，鸽子沟的作用主要是排泄太白岩雨季流经高笋塘的洪水。[20]

在1939年的古万县地图上，鸽子沟石板路才有了标注。可见，民国期间利用大石盘及其附近的坟地修建车坝后，从万安桥经车坝，再经鸽子沟（石板路），至高笋塘，已经形成了城市建设中的一条人行交通与生活轴线。从万安桥经二马路、电报路、孙家书房路至高笋塘为公路，而经鸽子沟是更为通直的捷径。随着城市人口的增多，汇入许多生活污水，鸽子沟溪水逐渐变得污浊。1988年，鸽子沟改造工程竣工，由明沟改为暗沟，其上修建了密集的居住建筑。鸽子沟风光从此无存。

鸽子沟原为古万州城郊的自然景观节点，早在唐宋时期便由古城连接“白岩胜迹”，曲曲折折的青石板路拾阶而上，沿途依山傍水，绿树成阴，环境优美，风光秀丽，流水飞瀑，鸽飞鸟鸣。鸽子沟下半段梯子陡峭，视线通透，观景效果比较好。立足瀑布顶处平台，可以直观北山、翠屏与双塔山、长江帆影和卵石沙滩，是极佳的景观点线交换环境空间。现今的鸽子沟仅剩下原有的巷路格局，曾经的空间环境被高楼替代，数百米深林流水瀑布被填埋，其上重压现代建筑而成为商住楼房挤压的空间。

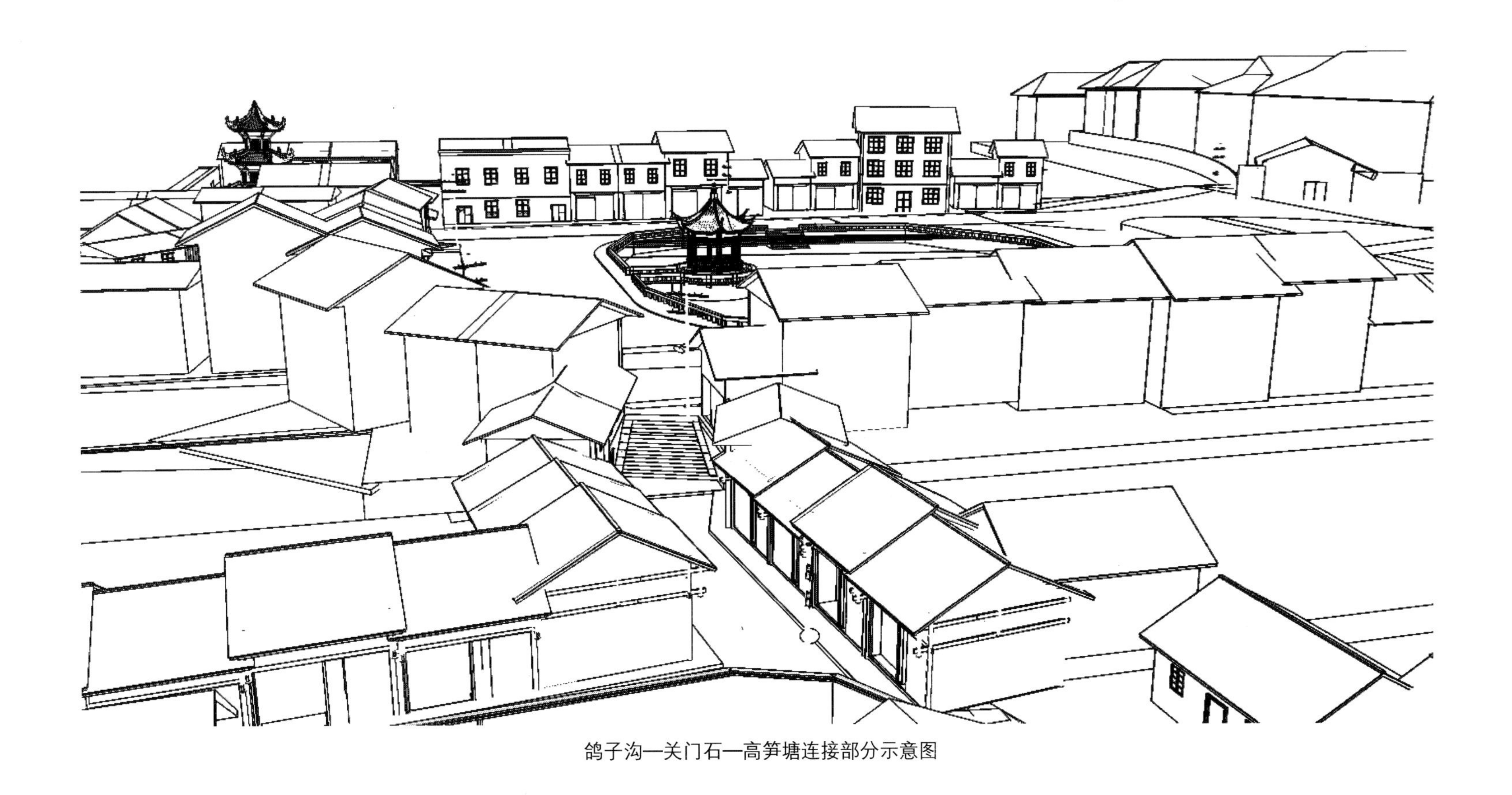

鸽子沟—关门石—高笋塘连接部分示意图

鸽子沟场景模型

鸽子沟沟口

鸽子沟场景模型

外环境点交换空间

钟鼓楼（镇江阁）（20世纪初）

《万县志》里有记载，“在治东三里（后来的一马路东段），前临大江，知县房兰若建以锁江口，康熙五十年知县鲍錞（造字）重修，咸丰十年大水，圮于江，同治四年知县张琴复建。”为了“镇江锁龙”，古人修建了“镇江阁”，即钟鼓楼。钟鼓楼雄踞在长江钟滩旁一墩近40米高的巨坎上，巨岩之上再建起20多米高的钟鼓楼，红柱黄瓦飞檐斗拱，外观三层，内有七层。钟鼓楼高耸入云。在没有修建三峡大坝之前，上下高差达30多米，更显巍峨耸立，直插云端。故纤谣说：“万县有座钟鼓楼，半截伸在天里头。”

钟鼓楼不止具备风水方面的“镇江锁龙”作用，在景观方面，作为一个制高点，成为万县的一个标志，从江上很远处即可看见。钟鼓楼与外围山体形成外向视线交换，据1920年的《万县商埠区域图》，钟鼓楼作为制高点与徐沱码头形成边缘空间交换，与江面形成对外空间交换。据说，1955年因白蚁侵害而被拆除。钟鼓楼与旁边修建于清光绪十六年的弥陀禅院构成完整的宗教场所。弥陀禅院依山而建，重楼叠院幽深巍峨，从下而上有镇江王爷殿、弥勒殿、天王殿、三圣殿、大雄宝殿、文殊殿、普贤殿、观音殿以及藏经楼等多重殿宇。早年规模宏大，香火鼎盛，住寺僧众多达四五百人，曾经被列为老万州寺庙之首。2006年迁至北山，重建在原北山观旧址。原有的景观空间也跟着消失。

钟鼓楼场景模型

钟鼓楼环境

钟鼓楼环境

北山观（昭明宫）（20世纪70年代）[①]

北山的半山曾建道观，名“北山观”。北山踞县城之顶，俯压县城，先踞为胜。明代万历六年（公元1578年）在半山建了军事性的防御石城。该景观居于制高点，鸟瞰全城，背靠都历山，居右有狮子山与之视线交换，居左有举人关与之视线交换。

北山观位于古城以北的山崖高处，属于外环境空间。从古城出西门有石板路可以通往北山观。山门入口是一坡长长的石梯子，层层升高，视线也随之升高，形成静谧的空间氛围。台阶尽端有一个不规则的平台，进入山门，右转经过转折引导的石梯，进入一个开敞的院落空间。四周城墙环绕，有庙宇、放生池和小石拱桥。这里可以与四周山水形成外向视线交换，与天仙湖、洄澜塔、文峰塔、西山全景形成节点景观视线交换。穿过大殿是一个围合院落，属于内交往空间，僧舍等属于内生活空间。时移世易，以前的山门封住，另从旁开凿了一个山门和石梯，正对大殿方向。[②]

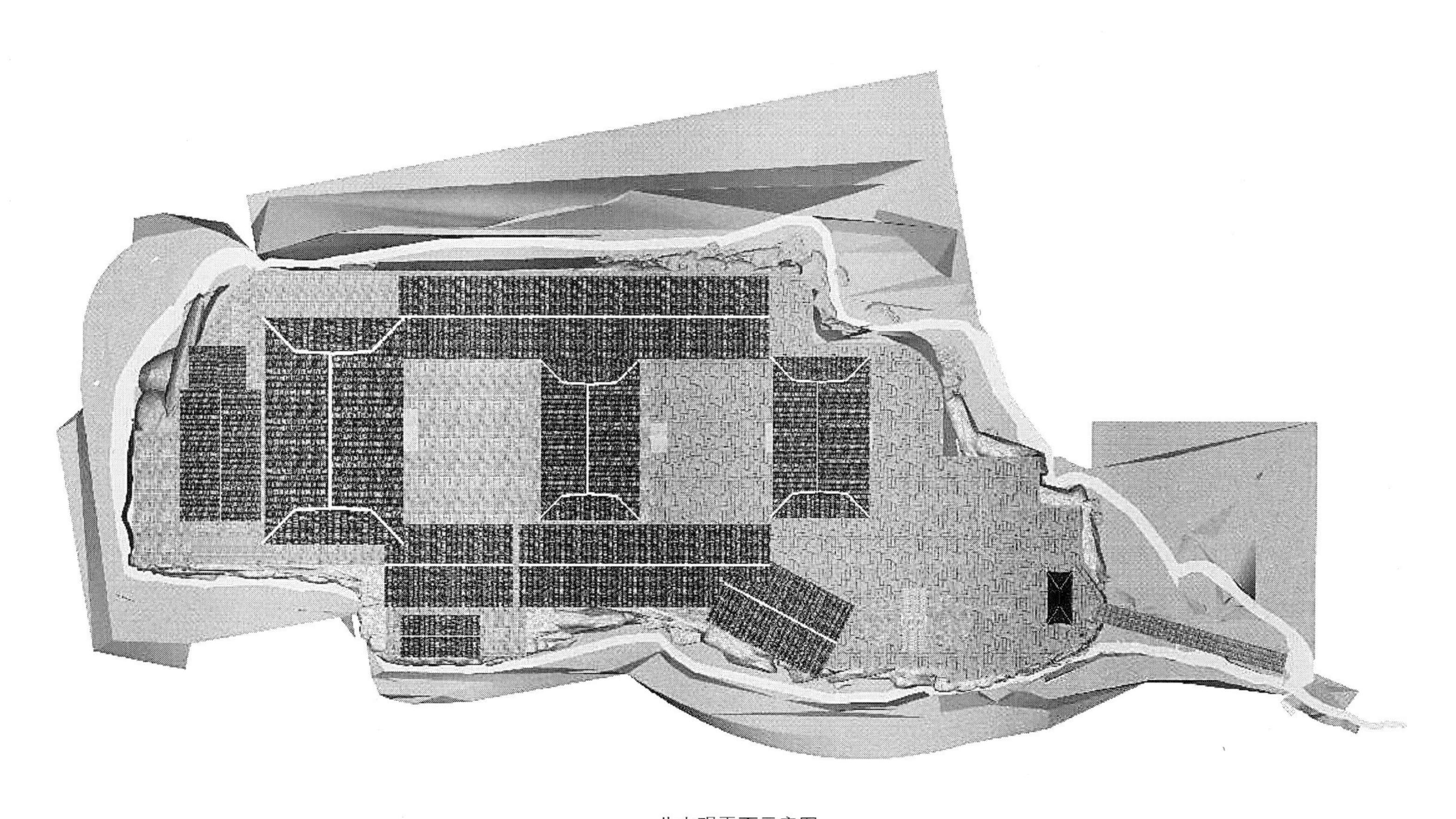

北山观平面示意图

① 见附录全景图。

② 陆安桥，1871，http：//www.360doc.com/userhome/19096873

20世纪70年代北山观鸟瞰模型

北山观入口

北山观节点

北山观在清嘉庆四年（公元1799年）至咸丰十一年（公元1861午）进行了扩建，石城高6公尺左右，城上有两公尺高的石碟146个，周围通长400公尺，石城前后均有炮台。清嘉庆年间白莲教起义，政府为保护县城，曾屯兵石城。同治年间，李永和、蓝朝鼎起义，县里又屯兵结营于此。民国十年，石城建了庙宇“昭明宫”。2001年遭拆毁，仅留遗址办厂和学校。2000～2006年弥陀禅院由钟鼓楼迁至此处。随着现代城市建设，高楼林立，新建弥陀禅院地处高地，成为城市中的内环境交换空间和点空间，依然与周围山水景观进行视线交换。

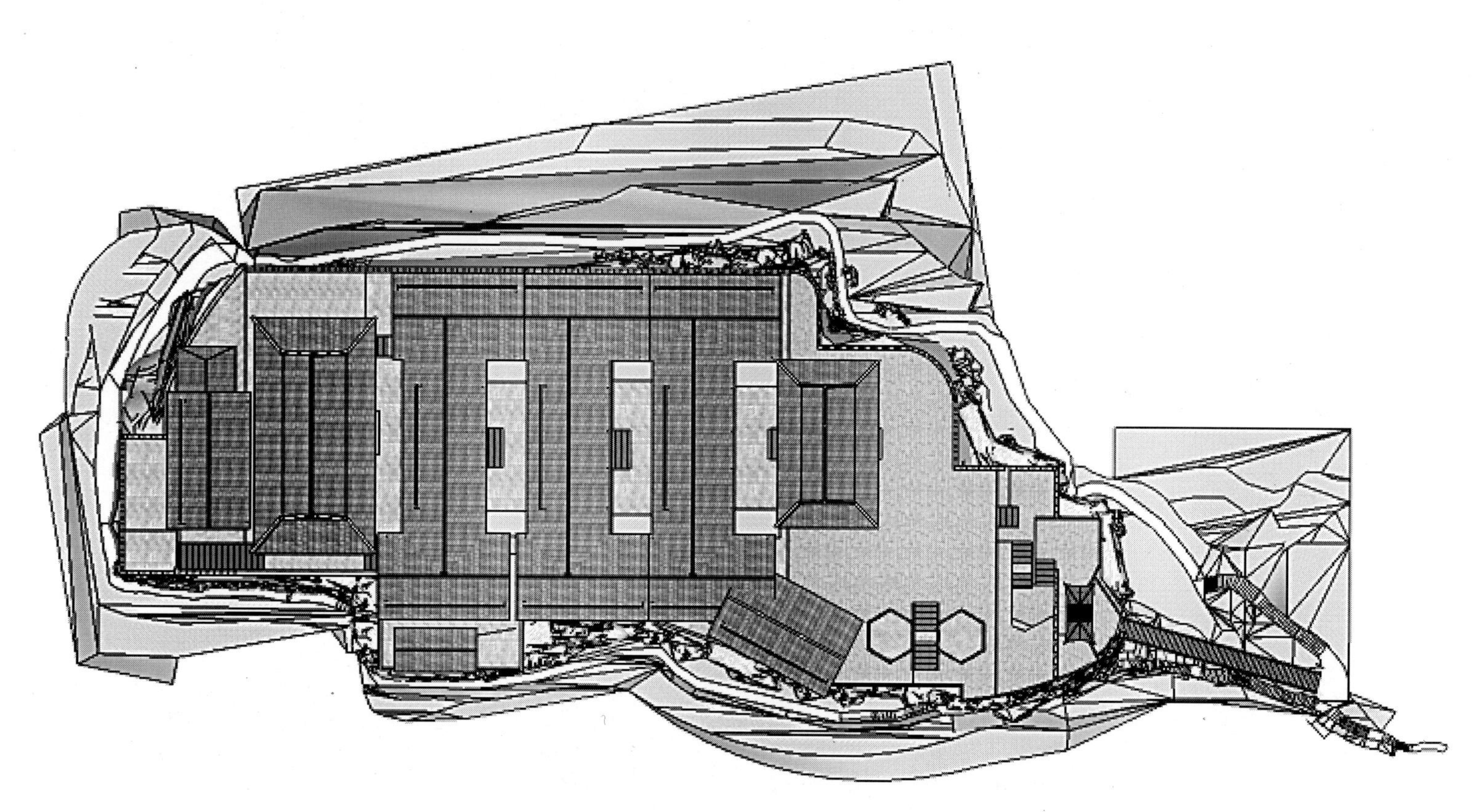

民国10年昭明宫平面示意图

昭明宫鸟瞰

20世纪初昭明宫模型

西山观（20世纪初）

据相关资料记载，在现西山公园始建之前曾有西山观。关于其位置，各文献史志说法不一。清咸丰《万县志》：“西山观在县西三里，大周里六甲。踞山绝顶，下有盘龙碛石，广四百丈，长六里许，阻塞江川，为县治上流锁钥。”清同治《万县志》：“西山观在县西二里，向化侯谭诣建。”现代志书有介绍：“相传明代永乐年间（1403～1425年），京官吴贞被贬至万州，在磨刀溪畔修建‘西山观’，此庙规模宏大，两殿八厅，庙后有竹林花圃。后随岁月变迁，成为一片荒冢坟地。”[①]

结合相关历史文献描述及图片资料，根据庙观建筑特点，分析认为西山观建成之初，规模宏大，为群众烧香拜佛、求签问卜的地方。平面采取递进式布局线，为合院式布局，沿中轴线对称，前低后高，由前后两大殿以及左右八间殿房构成，白墙灰瓦。整个主殿宇为重檐歇山式屋面，穿斗抬梁结构。

根据1908年的老照片分析，西山观建造位置位于现在西山公园钟楼东侧紧靠江边山崖之上，面临长江，后枕西山（太白岩），依山取势，景观多姿，属于空间的一个制高点位置，与周围山体视线交换良好，视线通透，且能俯瞰长江，与边缘空间相衔接，属于明清至民国初期较好的外环境空间，与远山近水形成内外视点交换，同时还与古城池城墙以及长江水域等形成边缘环境的交换。

西山观周边环境

西山观复原模型（据1908年照片）

① 《万县地区城乡建设志》编委会，万县地区城乡建设志（1991—1992）［M］（内部刊物）。

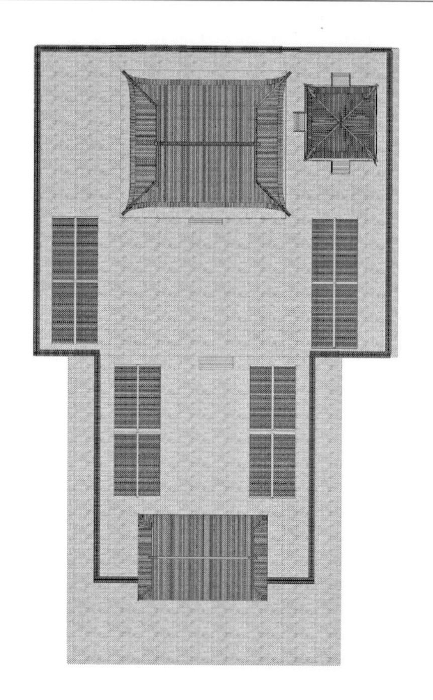

西山观平面示意图

步入西山观前大殿即到达第一合院式空间，由两侧殿房围合，前大殿形式为单檐歇山顶，青砖灰瓦，面阔15米，进深9米；两侧殿房为悬山屋顶，屋面略带弧形起翘，每间殿房面阔9米，进深6米。

经过第一层平台，到达高约1米的抬高平台，上布置有后大殿（即主大殿），主要供群众烧香拜佛，以示祈祷，屋顶形式为重檐歇山顶，四周设有回廊，大殿面阔18米，进深12米，两侧为四间殿房；主大殿旁有三层塔楼建筑，位于高0.75米的台基上。

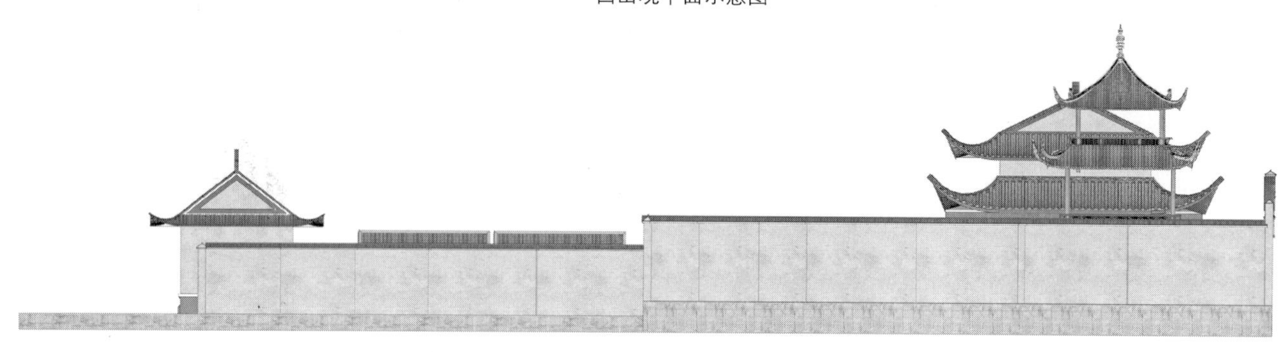

西山观侧立面

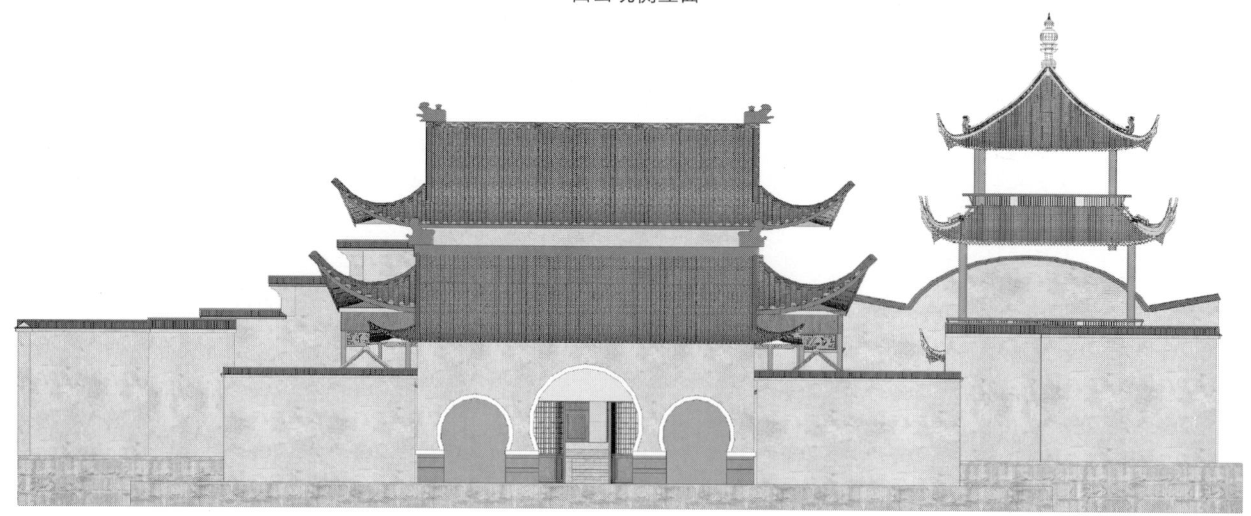

西山观正立面

主大殿

西山观内部空间

洄澜塔（20世纪20年代）

洄澜塔又称旧宝塔，清乾隆五十五年（即1790年）由万县县令孙廷锦建造，位于万县市城区南岸翠屏南山下。修建时与北岸钟鼓楼对峙，塔身平面为正六边形，素面六边形塔基，塔门向东南，门楣下方镌刻太极图。塔顶立小铁塔作为塔刹，基座呈圆形覆盆状，中间开孔与塔刹连接。塔为砖石结构，亭阁式，共九级，塔体通高32米，六边形，刹顶高1.50米，别具风格，位于寺庙大殿的东北侧，由围墙围合。川江航道自古处于自然状态，时常发生崩岩、滑坡等现象，且暗礁、急流等使航行险象环生，传说洄澜塔即为“镇水”而建，祈求、保佑江中行船平安。

洄澜塔对景文峰塔

洄澜塔环境

文峰塔（20世纪20年代）

文峰塔又称新宝塔，清同治八年（公元1869年）建于距南山东南1.5公里处的壳子山上，砖石结构，共十三级，塔体通高约36米，内有木梯可上塔顶，依山临水，结构独特，坚固壮观，地势较高，与周围空间具有较好的景观视线通廊，与洄澜塔高低错落组合，交相辉映，一直为古万州重要的外环境交换景观节点。

从风水角度看，翠屏山本当属东方青龙，但其与南山相连，本位一体，故万州古城东方所属青龙较弱，青龙气势不足，东方风水存在一定的缺陷。洄澜塔修建数十年之后，于翠屏南山北端更高一层的山腰处又修建了文峰塔以固青龙之势。与文笔山（都历山）相对，以象征笔锋，构成风水中的吉形模式，以示振兴万州的文风。

文峰塔复原模型

主要内环境空间

停留（场地）空间

西山公园（*20世纪初至20世纪70年代*）

西山公园现位于万州城西西山山麓，依山面江，地理位置优越，其景观具有丰富的层次性和强烈的空间感。1924年年初建为万县商埠公园。民国14年（1925年），杨森驻防万县，鉴于万县已成为川东重要港口，人口剧增，外商纷至，原有旧城不足以聚集人流，决定选西山坟地建一座公园，供人们休憩游玩；1926年9月5日，英国军舰炮轰万县城，“九·五”惨案后，杨森将公园定名为“九五公园”；民国17年（1928年），公园基本建成，面积为560余亩；1928年11月，为纪念北伐战争胜利，更名为“中山公园”；1928年年底，王陵基驻万县后，又改名为“西山公园”，在公园内修建独特风格的钟楼，增添了西山“静境”，两座石坝，一个“忠孝堂”，进一步培植景点。

20世纪40年代后期，由于解放战争，公园管理失控，亭榭失修，园景凋零，曾兴旺一时的西山公园满目疮痍，游人稀少。

中华人民共和国成立后，中国人民解放军军管会接管了西山公园，并沿用旧名（“文化大革命”期间曾更名为“人民公园”）。到目前为止，公园6大景区日益完善，其园林艺术观瞻水平较高[20]。

究其发展历程，西山公园的环境空间形态演变大致经历了以下四个阶段。

原始空间形态

西山公园建成以前，此地属于城池范围的外环境，作为与自然融合的天然面域空间，保持着原始自然风貌，背倚西山太白岩南麓，山形俊美，林木葱茏，与翠屏山隔江（长江）相望。明代于此处修建西山观，规模宏大，两殿八厅，后有竹林花圃环绕，面临长江，与远山近水形成内外点式交换空间，与北山城墙、长江水域则形成边缘环境的交换，视线通透，空间上促进了逆向空间组合类型的初步形成。

民国初期空间

随着万县近代城市的不断发展，为满足社会需求，修建西山公园，在原有环境基础上改造、拓展了空间，结构进一步丰富，边界轮廓显现，空间形态进一步变化，成为万县重要的景观场所节点。民国17年（1928年），西山公园基本建成，园内主要建设有九五图书馆及古物陈列馆、钟楼、花园、水池、道路、亭台、石坝、忠孝堂、梅花林、茶花林等，园内整修道路，改建池塘，增建体育国术馆，植物、林木苍翠，面积宽阔，眼纳浩荡长江，绿树成阴，鸟语花香，游人如云。公园内蜿蜒的通道、开敞场地等构成园区的内环境空间，供人们游憩，钟楼与亭台、建筑，甚至周围山体以及亭台与建筑相互之间形成通达的视线景观交换廊，景观效果较好。位于地势较高的北山观、翠屏洄澜塔和文峰塔以及位于太白岩山腰的太白祠等均可俯瞰西山公园。西山公园与城市中的特色景观点太白岩（太白祠）、北山观和翠屏双塔等之间形成视线交换，形成了优良的交换空间，点与点之间的视觉通廊达到良好的景观效果；再者，城市周边的天子城、鸡哈寨、北山、狮子山、翠屏山、都历山等山峦景观均与西山公园之间视线通透，相互因借，相互渗透，景观空间连续，形成了中国传统景观意识下的空间有序组合，是内外景观和谐空间形式的典型。

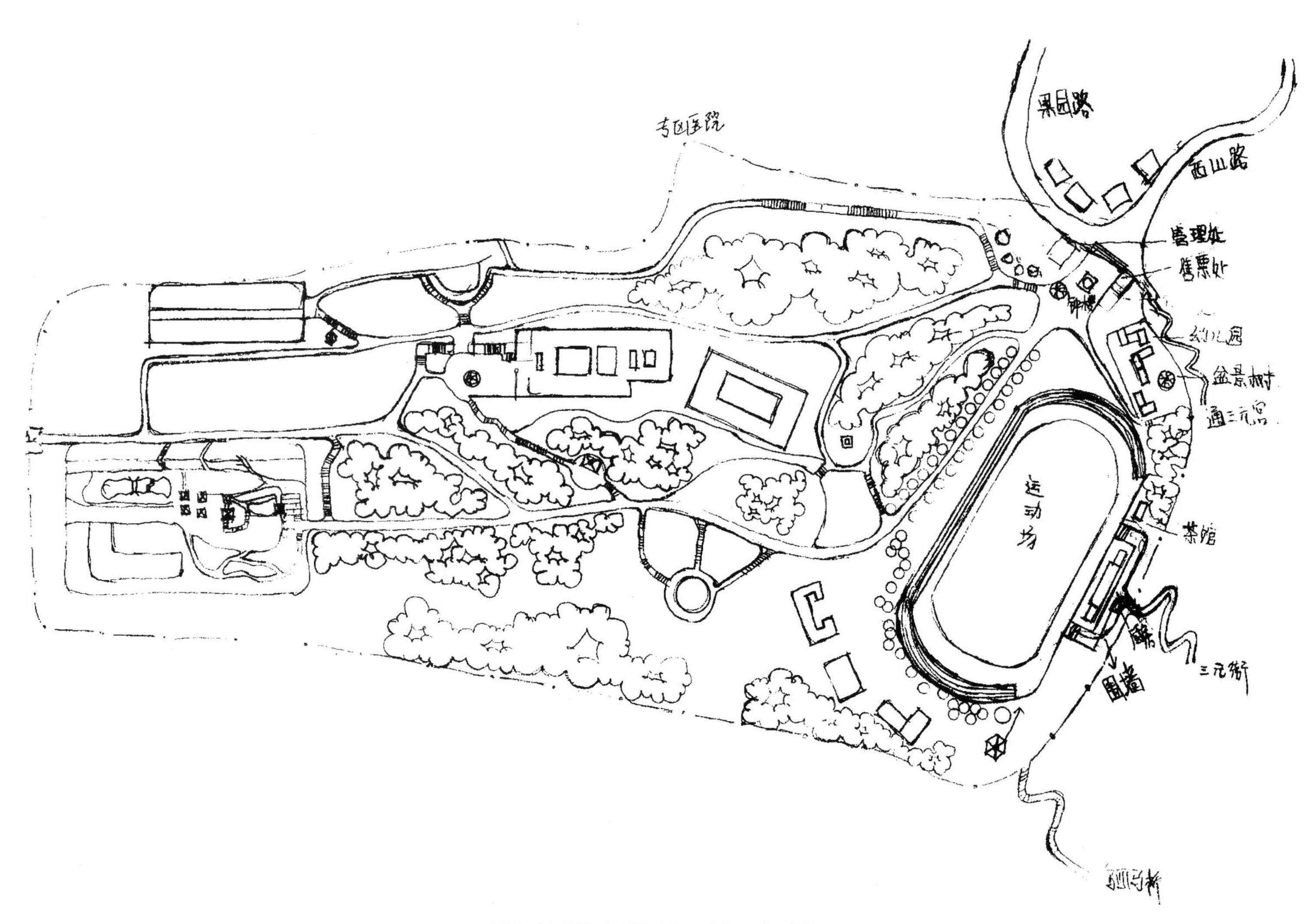

西山公园平面示意图（20世纪70年代）

万县商埠公园入口模型（1924年）

公园公共体育场空间模型（20世纪20年代）

亭塘风景模型（20世纪20年代）

园内景亭空间模型（20世纪20年代）

园内花境空间模型（20世纪20年代）

园内九五图书馆风景模型（20世纪20年代）

园内九五图书馆风景模型（20世纪20年代）

园内五洲池风景模型（20世纪20年代）

园内卫生陈列馆空间模型（20世纪20年代）

园内西山观遗址空间模型（20世纪20年代）

中华人民共和国成立后空间

中华人民共和国成立以后，万县商贸繁荣旺盛，人流汇集，西山公园也因此成为众多人流的聚集场地。为顺应城市化进程，西山公园加强培修管理，整修西山钟楼、五洲池、园中干道、花丛小径；修建动物园、静园、亭阁、茶楼、儿童游乐设施、库里申科陵园、月台、围墙等；植树种花，修筑花坛，完善公园6大景区，扩大公园景观，提高了园林艺术观瞻水平[20]。

此时的西山公园，由于道路系统完善以及景点丰富，使内部景观空间富有变化，生动活泼；且可以直视周围的太白岩、白虎头、天生城、狮子山。钟楼是重要的点交换空间节点和观景点，可远眺千金石、岑公洞、万安桥和万州山水，景观效果极佳。20世纪50～80年代，西山公园（“文化大革命”时期称人民公园）一直与周围景观视线通廊保持优良的连续性，景观逆向空间持续生长，视觉效果和风貌得以有效延续。园内望江亭，居高临下，俯瞰长江和两岸风光，近观明镜滩码头，远眺村落田野和重山叠影的山水胜景。由于公园环境面积较大，视线宽泛，解放以后西山公园的内外环境空间均在此时达到空间发展的顶峰。内外环境空间格局及其构成，无论是外部环境还是内部空间的展现，都具有一种潜在的、合理的、人与自然和谐的美感。①

中华人民共和国成立初期西山公园占地560多亩，园内主要景点如下。

1. 钟楼

钟楼建于1930年（民国19年），1931年8月竣工，位于西山公园前门内约20米处，总高50.75米（座高12.8米，身高19.81米，顶高18.17米），楼身以下为正方形平面，每边宽12.37米，为双层盝式八角形尖顶，属于中式结合建筑风格。其底层为厅，厅正中立有高8米，宽1.30米的方形石碑，上面碑文原为处事格言，1964年改刻毛泽东诗词[20]。

西山公园模型（20世纪70年代）

① 《万县地区城乡建设志》编委会，万县地区城乡建设志（1991—1992）［M］（内部刊物）。

钟楼纪念碑模型
（20世纪70年代）

公园入口模型
（20世纪70年代）

公园园路（20世纪70年代）

公园运动场（20世纪70年代）

公园运动场（20世纪70年代）

公园望江亭（20世纪70年代）

抗战阵亡将士纪念碑空间模型（20世纪70年代）

2. 五洲池

五洲池为一圆形荷花池，因原池内设有五座假山而得名。圆形水池周围屏亭，树廊长125米，宽3.70米。池周围有垂丝海棠扎成的环形树廊围绕。廊长125米，宽3.7米。阳春三月，淡雅的海棠花，星星点点，缀满花棚，给游人增添无穷野趣[20]。

五洲池环境空间模型（20世纪60年代）

3. 库里申科陵园

库里申科陵园建于1958年，占地1600平方米，周围樟树成林，凛凛傲立，环形花坛围墓巧绕。库里申科墓为砖、石、水泥结构，中外结合风格建筑，墓呈长方形，墓碑高7米多。正面金字阳刻有“在抗日战争中为中国人民而英勇牺牲的苏联空军志愿队大队长格·阿·库里申科之墓。1903—1939”。背面刻有内容相同的俄文碑文。墓前立有3米高的嶂屏，正面金字阳刻有：“中苏两国人民鲜血凝成的友谊万岁”，背面刻有“伟大的国际主义战士永垂不朽”。墓碑前有一开阔空地，供众多游客瞻仰。陵园前设有花圃、树亭以及桂花夹道小径，环境静穆清雅。

库里申科陵园空间模型（20世纪70年代）

库里申科陵园内部空间模型（20世纪70年代）

4. 静园

静园原名“静境”（至今西山石壁上留有“静境”两字），似苏州园林风格的小园，是一处岩石与建筑相结合的景区。始建于民国19年秋（1930年），总面积虽只有13.55亩，但景物幽深多致，分前后两区，映入眼帘的先是用多状山石堆成的拱形圆门，门右上石壁上刻有“霜露凝烟”四字，形成园中园的格局。园内采用空间互相穿插贯通构景，使桥栏廊道回环重迭，与其主建筑“挹爽亭”相通。桥栏上刻有“绿天深处”四字（庚午年秋石松书）。其园景的深度和层次近似现代立体交叉结构[20]。

静园节点环境空间模型（20世纪70年代）

园内静园环境空间模型（20世纪70年代）

园内静园环境空间模型（20世纪70年代）

园内静园环境空间模型（20世纪70年代）

园内静园环境空间模型（20世纪70年代）

园内静园环境空间模型（20世纪70年代）

5. 月台

月台居于库里申科陵园的前方，上行至公园西次出入口处，第一级石台长20米、宽5米；第二台长17米、宽19米。

月台

园内路亭园景模型（20世纪70年代）

现代空间

现阶段的西山公园占地215亩，空间发展受到一定程度的限制，历史上的环境空间组合有所破坏。外环境的景观空间与西山公园的空间交换功能部分消失，曾经的六大景区与外环境的视觉景观通廊随着城市建设的发展而消失，景观视线被高大建筑物遮挡，视线无法延伸，整体空间交换的质量或效果有所下降。

新时期的西山公园与翠屏山、北山、太白岩等山峦景观的外向交换空间，以及与长江水域的边缘交换空间得到生长，反映了在城市发展中忽略对传统景观风貌维持和现状保护的情况下，现今剩余的西山公园环境空间部分仍能保持较好的内部空间格局，而不至于类似高笋塘那样景观空间几乎完全消失殆尽。说明其发展规律具有一定适用性，它的景观空间营造方法以及自然环境景观的保护与修复具有一定的参考价值，同时也需要探索更为有利的持续发展模式。

和平广场（20世纪60～80年代）①

和平广场取名和平，寓意“美好与希望”。和平广场修建时，万县处于中华人民共和国成立初期且处于抗美援朝签署停战协议时期，爱好和平的人们渴望处于持续稳定的社会，故取此名，寄托了美好的希望与憧憬。和平广场的建设历程以及空间形态变化大致经过了4个阶段：烂车坝整治初期、20世纪五六十年代和平广场、20世纪八九十年代广场公园、现代和平广场。

和平广场最初修建于1952年，它的前身是清朝川汉铁路万州站的车坝，1949年后已残损不堪。和平广场在原烂车坝基础上进行修建时，车坝面积约3000平方米，修建时的主要措施为拆掉原车坝四周的棚户，用石条砌筑鸽子沟下来的排水沟，面上填土10多米，1953年竣工，建成10000多平方米的和平广场。这是中华人民共和国成立后万县第一个较大的工程。同时，将又窄又陡的广济寺巷建成15米宽、186级、直通万安桥头的大梯子；且修建跨度达20米的市人民大会堂。1960年，和平广场左侧开建占地10500平方米，有1629个固定座位的影剧院（现万州大会堂）。影剧院建于1962年，曾改名为“东方红影剧院”“地委大礼堂”，和平广场也曾名为东方红广场，经常是数万人集会的中心场地[5]。

和平广场鸟瞰模型（20世纪60年代）

① 见附录全景图。

和平广场影剧院模型（20世纪六七十年代）

和平广场大会堂、东方红旅社模型（20世纪70年代）

和平广场大梯子（20世纪60年代）

和平广场周边——和平剧场（川剧团）（20世纪70年代）

和平广场自修建以来，一直承担着万县市新城的停留空间作用，由于其地势高出万安桥近十层楼房（约30米），因此广场大梯子上口，成了新城眺望旧城和对景山的极佳视线空间。同时，广场宽阔且无遮挡，环观四周，可仰望太白岩、天城山、北山、翠屏山，视线通透，视面广阔，起到了内环境空间与外环境空间很好的景观交换作用；广场西北角沿旧城一侧，有近百米的石栏杆围合，成了天然的边缘空间观景台，一览无遗地与天城山、狮子山和北山观正对借景。直至20世纪80年代中期，和平广场改建为公园绿地后，中央和边缘空间大量种植树木和景观设施，视线逐渐被封闭，内外环境空间交换作用和边缘空间的作用也有所减弱。

1984年，万县市和平广场改造为广场公园，面积为18000平方米，加上假山包面积共有21300平方米，整体广场空间形态以影剧院为轴线对称分布，种植树和花11700多株；公园内设有花圃、假山包、荷花椅、树池、喷泉、花架廊、蘑菇亭、梅花灯等。广场公园内的主题雕塑呈现了一位母亲托举起孩子，孩子手捧着鸽子，矗立在蓝天白云之下，意喻“和平希望”。由和平广场改建而来的广场公园是中华人民共和国成立后万县市新建的第一个大型游乐园，人们可以在里面品茶、赏景、游乐、买花等，同时连接二马路、三马路和万安路[5]。

由于三峡工程的蓄水水位线为175米，与和平广场有3米的高差，长江水位线临近和平广场。在2006年北滨大道成形后，又在老和平广场基础上回填石方，在原空间的基础上升高了5米，广场铺装地面高程提高到177米。假山包进行了景观改造，建成了满山翠绿、雅静的小游园。2007年再次改建成新的和平广场。

和平广场的发展变迁是万州随时代发展变迁的缩影，见证着万州的拓展与进步。它记录的故事、珍藏的情感，足以让一代代万州人细细品味，和平广场以其文化灵性彰显出万州城市的格调，是江城万州迷人的“金三角”[5]。

现代的和平广场，靠江一侧视野开阔，与长江仅一滨江大道相隔，是与外环境空间交换的节点，靠近滨江景观带，还具有边缘交换空间的作用。

“和平·希望”广场公园空间模型（20世纪80年代）

广场公园局部环境空间模型（20世纪80年代）

广场公园局部环境空间模型（20世纪80年代）

广场公园整体空间模型（20世纪80年代）

大梯子

高笋塘（20世纪初至20世纪80年代）①

高笋塘位于万州老城区的西山北麓。高笋塘在古代称鲁池，与胜迹流杯池相邻，合称鲁池流杯，始建于北宋年间，为古万州八景之一，曾因其胜景引得黄庭坚为其挥笔行书，颇负盛名。如今此空间已演变为广场，成为万州文化及商业中心的繁华地带。

宋至和元年（公元1054年）南浦（现万州）太守鲁友开主持开凿聚水，凿出“池广百亩”的池塘，人们为纪念他的凿池之功，命名为“鲁池”。后续任南浦太守又扩建了鲁池，在周围修建了土地祠、流杯池等景观。因流杯池与鲁池相邻，故称“鲁池流杯”，从此成为古万州一大人文胜景。在流杯池畔有北宋黄庭坚撰写的《西山题记》石刻，以言西山之胜景[20]。

到清代时期，因野茭笋长于池中，故称为“茭（高）笋塘”。清光绪十九年（公元1839年），在高笋塘流杯池旁建一三层古式亭阁，名西山亭，以保护此处的摩岩石刻——西山碑。1927年驻军万县的杨森扩建城区，池围道路命名为环塘路。自此时起直至20世纪90年代，池塘西侧高地为万县地区政府所在地。20世纪80年代末，将高笋塘扩建为小游园，曲桥回廊、雕塑凉亭、水榭茶园、鱼翔浅底，使高笋塘脱离自然风景，其休闲娱乐功能逐渐显现出来。2003年年底，又对高笋塘及其周围进行了彻底改造，池塘被填平，高笋塘被建成步行广场，是老城中心区集商业、交通、休闲、人防四大功能于一体的商业中心，与周边林立高楼融为一景。高笋塘从此名不副实。

高笋塘的空间形态经历了近千年的历史演化，从景观空间角度看，其空间环境的视廊、视域经历了由胜及衰的发展演变过程。自高笋塘形成以来（鲁池时期为古城典型的外环境空间），其内部空间由单一结构层次逐步生长发展，进而形成良好的景观序列，对外视线通透且相互交换，内部存在转折引导和阻滞停留等优美景观空间形态。空间的发展基本延续了可持续的逆向空间组合生长。此后，由于不同时代的城市建设没有很好地研究古代山水城市环境空间的组合规律，使得高笋塘的整体环境空间出现了空间阻碍。特别是进入新时期以来，不利的空间堆积使景观的延续性不断受到破坏，导致逆向空间形态消失。高笋塘的空间形态变化大致有以下几个阶段。

明清以前的空间环境（鲁池流杯）

明清以前，高笋塘的空间格局保留了原始自然风貌，山水环抱于太白岩下，山形俊美，林木葱茏，与翠屏山隔江（长江）相望。当时的高笋塘亭榭楼台环绕其间，与自然山水融为一体，与远山近水形成内外点交换环境空间，与北山城墙形成边缘环境交换空间，促进了双向交换逆向空间组合的初步形成。但此时期简单的空间形态未达到逆向空间的多层次要求。据相关资料记载：“鲁池在宋代以前是一片低洼的沼泽地，水面达数十亩，四周建有六座凉亭。池畔桃李争芳，水石幽雅。后又开凿一池塘，并在水池中种莲，又绕塘建三亭。”据《万县志》记载，继后又不断建数亭、祠、僧舍，且续任南浦太守郎束庄还进一步扩建鲁池。“一块丈余见方的青石，形如席，束庄令人凿成石沟，引水环注其间（即流杯池）……”[2]至此，西山下鲁池旁亭榭林立，成为城外悠闲的自然风景环境空间，被誉为“川中和渝东少见之胜景”。

清末至民国时期空间环境（20世纪初至20世纪40年代）

清末至民国时期的高笋塘，缩小为一个种满了莲藕的天然水塘，四周进行了人工绿化，环塘建有一层砖瓦民宅。这一时期，社会的发展促进了高笋塘空间形态的变化，成为万县新城的重要景观节点。空间性质由外环境空间转变为内环境空间，池

---

① 见附录全景图。

塘周围低矮的建筑围合构成了城区的阻滞停留内环境空间，供人们游憩、交流。位于地势较高的天城山、北山观、翠屏山以及整个太白岩胜景均可俯瞰高笋塘；同时高笋塘与太白岩、北山观和翠屏山等外环境空间的山峦景观之间又形成了视线交换空间，内外之间视线通透，相互因借、相互渗透，点与点形成的视觉通廊达到了城市中良好的借景效果。逆向空间方式构成内外景观空间的连续与和谐，形成了中国传统景观意识下城镇空间有序组合的典型形式。此时期的高笋塘空间虽内外环境景观交换良好，但其内部空间环境类型单一，部分空间围合割据，缺乏空间连续的变化组合。

1927年，由于对高笋塘进行了较为正式的改建，四周种柳、池内植荷、池周修路。此时的高笋塘开始有了植物造景效果，道路、建筑、设施等逐渐规范，内部景观空间开始富有变化，逐步生动活泼，景观效果更具行为艺术化。高笋塘虽进行了改建，但由于控制了围合的建筑高度和道路的取向，故很好地保留了与周围景观视线通廊的对景和借景的连续性，逆向空间持续生长，景观风貌得以有效延续。

高笋塘

高笋塘环境空间模型（清末至20世纪20年代）

高笋塘环境空间（20世纪40年代）

20世纪50～70年代空间环境

随着城市的发展，高笋塘的环塘建筑已逐步改建，陆陆续续修建了一些二层楼房，临塘商业增多，使其逐步成为热闹的商业中心，它作为阻滞停留空间所起的引导功能增强。由于高笋塘的面积较大，其视线依然宽泛，可与北山、太白岩、天生城、翠屏山等景观形成视线交换。

高笋塘环境空间模型（20世纪50年代）

高笋塘环境空间模型（20世纪60年代）

高笋塘环境空间模型（20世纪60年代）

高笋塘环境空间模型（20世纪60年代）

高笋塘环境空间模型（20世纪60年代）

高笋塘环境空间鸟瞰模型（20世纪60年代）

高笋塘环境空间模型（20世纪70年代）

高笋塘环境空间模型（20世纪70年代）

20世纪90年代后的现代空间环境

20世纪80年代末，高笋塘再次进行了一次大规模改造，将原来环绕高笋塘的西侧马路改道行署门前，而将行署门前的绿地与高笋塘连为一体扩建为高笋塘小游园。塘内设置栏桥，空间随着道路以及曲桥起承转合，富有变化，沿路前行，步移景异。高笋塘环境内部构成了停留空间、转折空间和引导空间等较丰富的景观要素，景观样式变化多端。但此时的环境仅限于池塘范围内部的狭小空间，四周高楼林立，已不见昔日对外的景观交换，内外景观交换视线受阻，如原有的关门石鸽子沟方向、孙家书房方向等路口以及西山太白岩仰视借景空间视廊逐渐消失。池塘四周围合的传统建筑和传统院落逐渐被拆除，取而代之的层层围绕池塘的高层建筑和功能性交通路口。

2003年起，对高笋塘及其周围进行了彻底改造。池塘被填平，高笋塘被建成步行广场，完全融进了周边林立的高楼建筑群，造成内外景观和谐共生的严重缺失。

现在，高笋塘的环境空间发展比对其原始的山水景致已相差甚远。外环境的优良景观空间格局与高笋塘的空间交换功能消失贻尽，完全变为建筑群中的“院落空间”。城市的发展完全忽略了对传统景观风貌和建筑特色的维持和保护。历史上的高笋塘与自然环境相融、和谐共生的优美逆向空间景观形态随着城市的现代化建设已不复存在，功能性空间形式突显其单一性。

高笋塘环境空间模型（20世纪90年代）

内生活空间——院落

内生活空间是逆向空间组合中的第三层次环境空间，为城市中居住活动和生活行为的环境空间部分，主要表现为居住生活院落，如组成围合的居家院落、花园大院、寺观院落等。

白岩书院（20世纪20年代）①

白岩书院位于西山太白岩下，建于清末，是川东著名学府，与成都尊经书院齐名。清代名儒胡元直、吴光耀、况周仪等先后任主讲。1926年（民国15年）杨森在此办军事政治学院。共产党人朱德、陈毅、刘伯承，国民党人蒋介石、蒋经国、杨森、孔震、孔元良曾在此停居。白岩书院始建于清光绪年间（1890年），是当年童生、秀才研读经史的地方（设掌院一人，县中有举人数名任教授），占地约10 亩，由乡绅游鉴洋独资捐建。培育有林园，苍松翠柏，一度繁茂，庭中桂树绿阴，院外桑林成片。光绪31年停科举，白岩书院改为学堂。宣统元年改设农业学校。1911年辛亥革命爆发，同年3月熊克武率军来万主办的速成军官习所驻于此。1920～1924年熊于东在此创办女子实业学校。后驻军机构改设变换频繁，林园遭到破坏[5]。中华人民共和国成立后，中国人民解放军万县军分区驻此地。20世纪40年代后，白岩书院才逐渐由城市外环境空间演变为城市内环境空间部分，属于花园与文化院落类型。

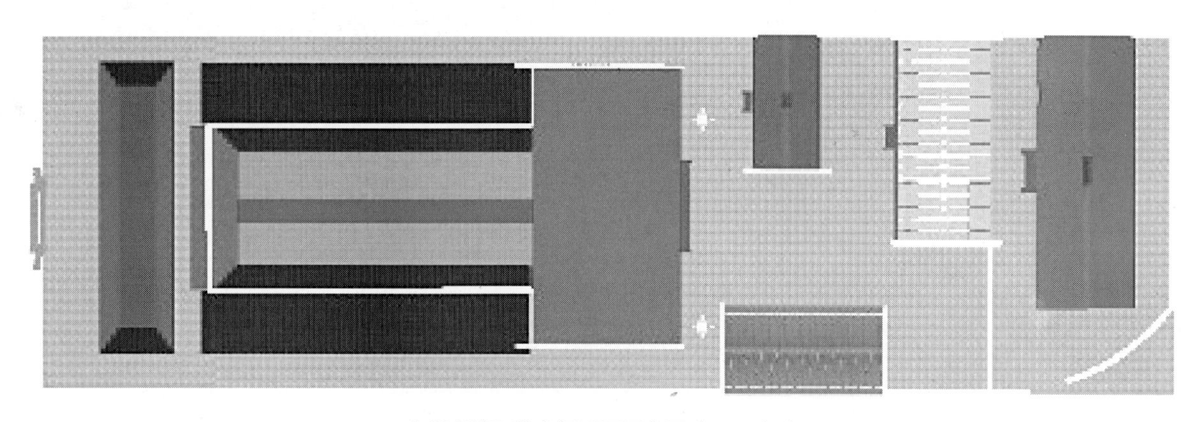

白岩书院环境空间平面示意图（1928年）

通过历史照片资料和遗址考查，依据中国传统书院的布局形式，推测白岩书院大致的布局平面，然后复原表达出院落的环境空间模型。白岩书院布局分为三进院，入院门后是一排平房，穿堂而过为读书堂正门；进入第一进院，两边有连廊，直到讲学堂大堂；绕过屏风进入后院，到二进院；里面为休憩、藏书、休闲等生活空间；最后的进院即是书院，为学生居住和储藏杂物之所。侧门通向附属园林院落，有一排连廊，用作观景休憩，几间小屋建在靠近前门的侧边，有旁门与田间小路相连，一派朴素自然风格。白岩书院背靠太白岩，面向高笋塘，居高临下，视线开阔，前景一览无余。书院东边穿过田间出东门并排不远处为万寿寺。书院和寺庙均可看见种满茭笋的高笋塘，还可以看见四周的李家花园和军营等私家花园。整体上视线开阔，与远山近水形成美妙的外向视线交换。

① 见附录全景图。

白岩书院环境模型意向图（20世纪20年代）

白岩书院环境模型意向图（20世纪20年代）

白岩书院环境意向图（20世纪20年代）

白岩书院复原意向鸟瞰图（20世纪20年代）

万寿寺（20世纪20年代）

据清同治《万县志》记载，万寿寺在县西二里处，始建于明万历年间，距今400余年。中华人民共和国成立前曾果应主持驻守寺院。遗址原在白岩书院侧，现已不存。今寺院门前仅存有两颗黄桷树。据图文史料综合分析，万寿寺有山门、大殿和三重檐塔楼各一，僧舍若许。空间整体上沿中轴线对称布局，山门气势不凡，穿过大门进中庭有古树；两侧为僧舍和禅房，供僧人和香客居住；再往后为二层侧殿，供有罗汉；往后是主殿大雄宝殿，供有佛像三尊；绕殿前进为后庭院；穿过一小门是三重檐塔楼所在地。万寿寺背靠西山太白岩，山水环绕，绿树成阴，四周田野围合，风光秀丽。前方为下山，远视高山江流，近视高笋塘，没有遮挡视线的高大体量的建筑，风景优美，视线通透。万寿寺从明代起一直属于城市郊外环境的宗教活动院落形式，20世纪20年代后被毁，环境空间逐渐消失。

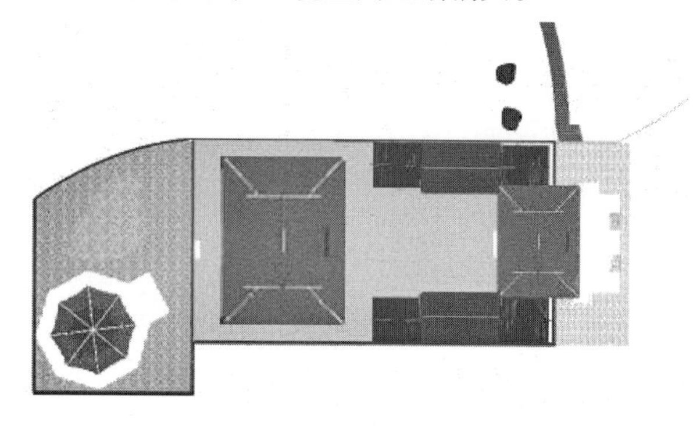

万寿寺平面意向图

万寿寺大殿正立面意向图

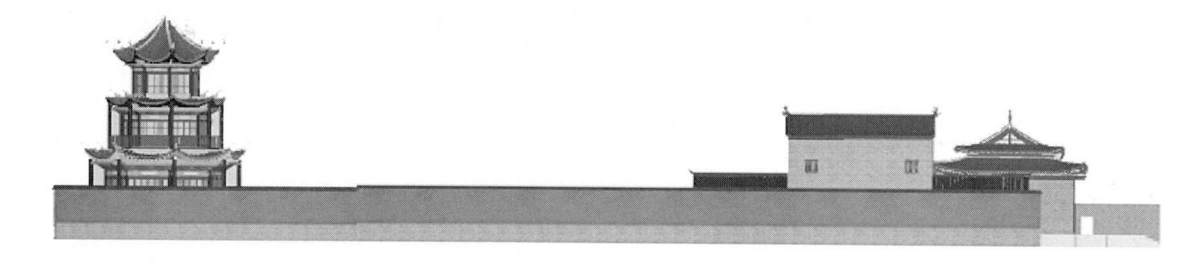

侧立面

正立面

万寿寺立面意向图（20世纪20年代）

万寿寺复原意向图（20世纪20年代）

万寿寺（上）—白岩书院（下）复原模型鸟瞰图（20世纪20年代）

青羊宫（勒封院）（明清以前至20世纪70年代）

青羊宫是一座道教宫观，建于唐宋年间，总占地面积约为1000平方米，位于太白岩下，背靠白岩书院，现已被毁。

青羊宫自唐宋建成时起，即为一所道教院落，旧名为“勒封院”，由五幢庙宇建筑构成，正对鲁池水景，建筑风格古色古香。南宋庆元3年（1197年），《赵善赣题名》石刻行楷在青羊宫门外包泉边岩石上。文曰：“西山池亭自鲁公始，阅百四十三年，赵善赣广其封植之意，增海棠、桃、李、荔支、梅、竹花木五百本，宇文元之书”[2]。

青羊宫自宋代以来，一直为城市外环境宗教院落空间。20世纪40年代后随着万县市新城建设，成为城市内环境空间部分。20世纪末因城市建设需要，逐渐被拆除，内环境空间荡然无存。

勒封院整体空间形态模型意向图（明清以前）

勒封院山门模型

勒封院大殿模型

勒封院门前崖下清流“包泉”

青羊宫建筑为合院式布局，沿中轴线对称，前低后高，由大殿、山门以及左右两侧殿房构成。步入青羊宫的山门，分隔空间段落，具有标志性作用，为一间两柱牌楼式山门，飞檐翅角，柱由石制，主体由砖砌而成，门上刻有“青羊宫”三个大字，整个山门结构匀称和谐，造型美观大方。山门两侧为两层砖砌房屋，封火墙，均为两开间。青羊宫外部平台北向有一颗数百年的高大黄桷树，树阴浓密，朴实厚重。进入山门通过十多步石梯到达院内。院内两侧殿房为两层砖木砌结构，三开间，歇山屋顶。山门正对大殿，建在约2米的高台基上，围有石制栏杆和围墙划分空间。大殿单檐歇山顶，为抬梁式砖混结构。整个青羊宫建筑按中轴线对称式布局，十分严谨。

清末民初以前，青羊宫建筑空间无大的变化，坐西向东，从青羊宫山门有石梯而下，不知何时石梯被毁，上行道改为右侧直上，后留存有石梯桩孔痕迹。旧石梯下方向东轴线直行，一直到流杯池西山亭旁。20世纪20年代的照片显示，青羊宫到流杯池西山亭一带均被围墙围合在内，里面建有草亭、一排歇山古建，古朴破烂，花园空地上有花台、石桌、石凳以及西山碑亭和长方形石砌水池，古朴依旧。此范围应该属于青羊宫起始时期的轴线空间的延伸。20世纪40年代因修环塘路，青羊宫与前鲁池山水花园整体格局被毁，仅留山崖之上的山门和大殿部分院落空间，随即成为城市内环境空间部分。此后青羊宫前旧石梯右侧有一口天然水井，名曰“包泉”，一块天然巨石侧立其上，上面有引人注目的历代石刻。古老的黄桷树和包泉（水井）一直留存至20世纪80年代，随后被毁。

20世纪40年代，青羊宫的大殿仍然起着祭祀祈祷的作用，但两侧殿房成为当时的学堂。至20世纪60年代，青羊宫被用作民办中学。沿着宫侧南向的曲折梯步直上通向白岩书院。到1995年，青羊宫由于城市建设被彻底拆除。

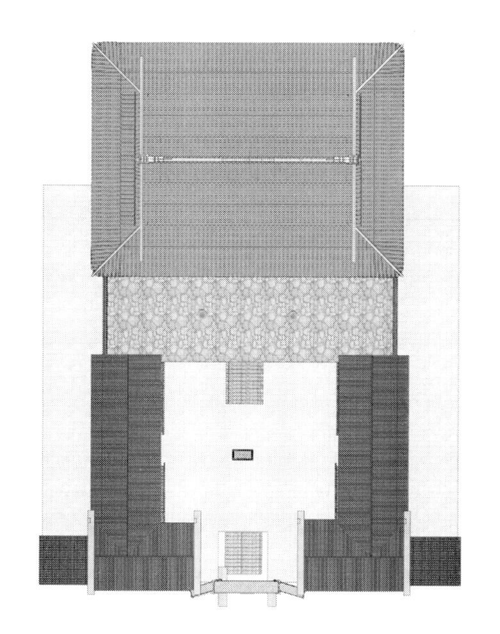

青羊宫平面布局（20世纪60年代）

青羊宫正立面（20世纪60年代）

青羊宫侧立面（20世纪60年代）

青羊宫整体空间形态模型（20世纪60年代）

西山碑亭望向青羊宫（20世纪60年代）

青羊宫山门模型（20世纪60年代）

青羊宫前石梯、黄桷树（20世纪60年代）

包泉水井（20世纪60年代）

王家花园（万女中）（20世纪40年代）①

王家花园由王又升祖先建于清代光绪年间，占地30000多平方米，为花园式居住院落。王家花园主体为二进式院落，左右旁进侧院。房屋建筑典雅清秀，建筑为传统穿斗式结构，建筑门窗为镂花窗，窗格固定而通透。花园院落中园林布置别致。20世纪40年代后，王家花园由城市外环境逐渐转变为城市内环境空间的院落空间部分。

1929年王家花园卖给万县县立女子中学作校址[21]，万女中在原始花园的基础上有所扩张。院大门前有对称的抱鼓石一对，拾阶进门为三合院落，左侧为收发室，右侧为传达室；行数步石阶而上为原花园正厅入口，进石门后设置有照壁镜，为检查衣冠所用，绕其后为一小天井，两侧各有两间教室；前行上数台阶进入一小四合院。王家花园改成学校后，天井两侧耳房改建成教室或教师办公室。四合院出门左侧有路通往北院花园，有亭阁和水池，其东下台阶建有小三合院；西进亭后建有传统二层木楼，为学生宿舍和公厕（和平斋）；出四合院右侧去南院，上排为储藏室、教员宿舍和财务室，下排为带有假山独立小花园，以精巧别致的拱形园门和景窗隔景，下梯步正对为音乐室。出花园南墙门外一侧为球场，其南侧为高台欧式二层小洋楼房教室；运动场以东三合院布局共5间房，中间为图书室，两侧为教室；球场西侧后为礼堂，紧邻礼堂以北为食堂；食堂北进为传统一层砖木结构的学生宿舍（胜利斋）。

（王家花园）万女中院落大门空间模型（20世纪40年代）

① 见附录全景图。

抗日战争时期，万县政府在此设临时办事处，后又设万县兵役检查委员会、民兵团部等机构[5]。中华人民共和国成立后，园林花圃无人管理，园内设施遭到破坏，最后花园被拆除。后又在原址上向南（大操坝）扩建万县市第三中学，花园原址作为为万三中教师宿舍。20世纪90年代，王家花园原址处院落逐渐被拆除，被现代高层建筑代替，院落空间从此消失。

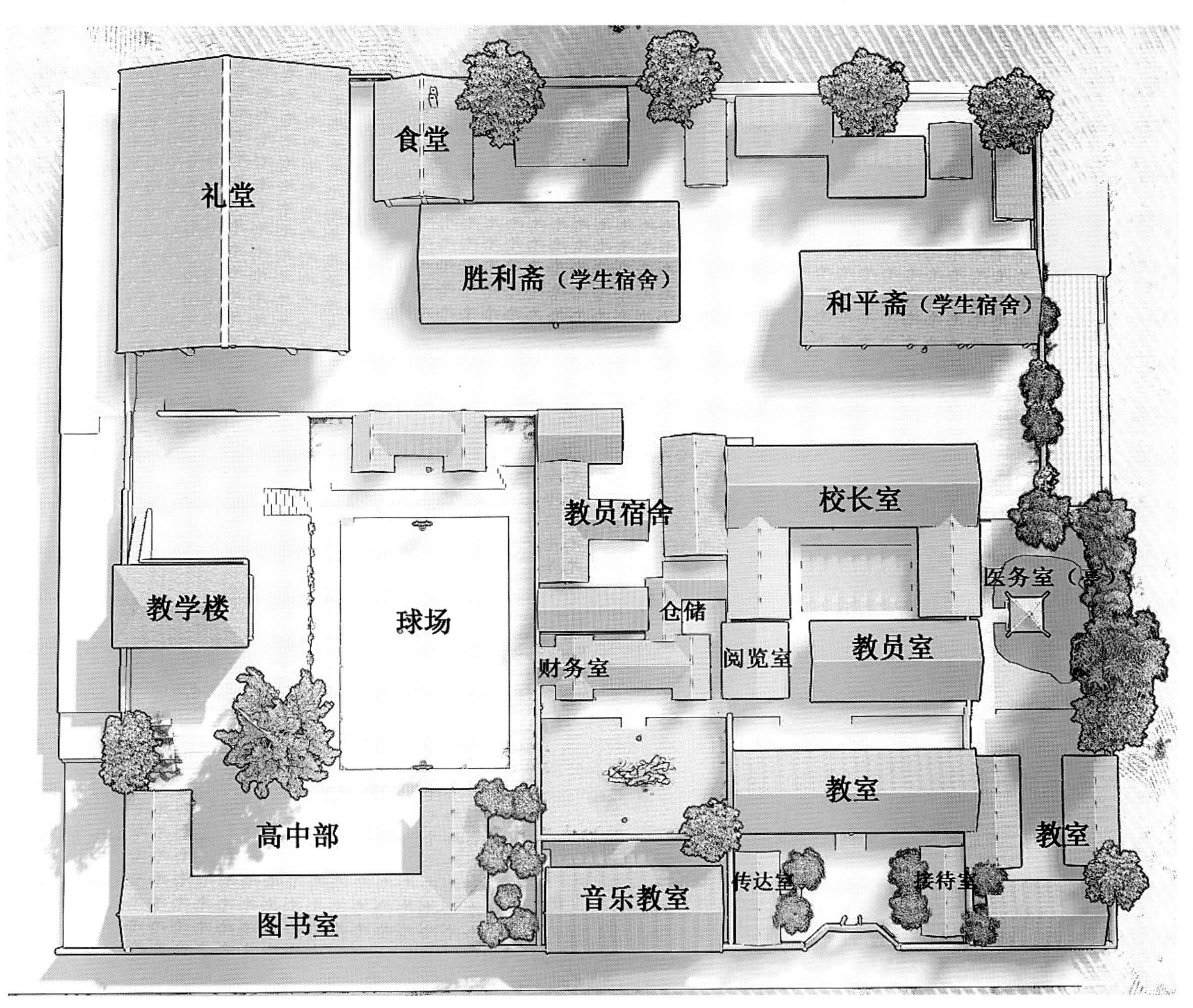

（王家花园）万女中平面布局示意图（20世纪40年代）

（王家花园）万女中环境空间局部模型（20世纪40年代）

（王家花园）万女中环境空间局部模型（20世纪40年代）

（王家花园）万女中环境空间局部模型（20世纪40年代）

（王家花园）万女中鸟瞰模型（图中左上为王家大院）

李家花园（杨森公馆）（民国时期）

清代光绪年间，富绅李伯皋的祖先建造了李家花园。李家与九思堂黄景伯家均因售卖食盐发家致富，大修家宅私园。花园以园林为主，房屋建筑次之，园中遍植桂花、茶花、黄桷树和竹类。后李家日衰，园林凋败。

李家花园属于城市外环境空间中的郊外园林式家宅生活院落，至20世纪20年代因城市发展转变为万县市西城的内环境生活空间。现今仍留存有小部分的杨森公馆空间，并成为城市内环境生活空间部分。

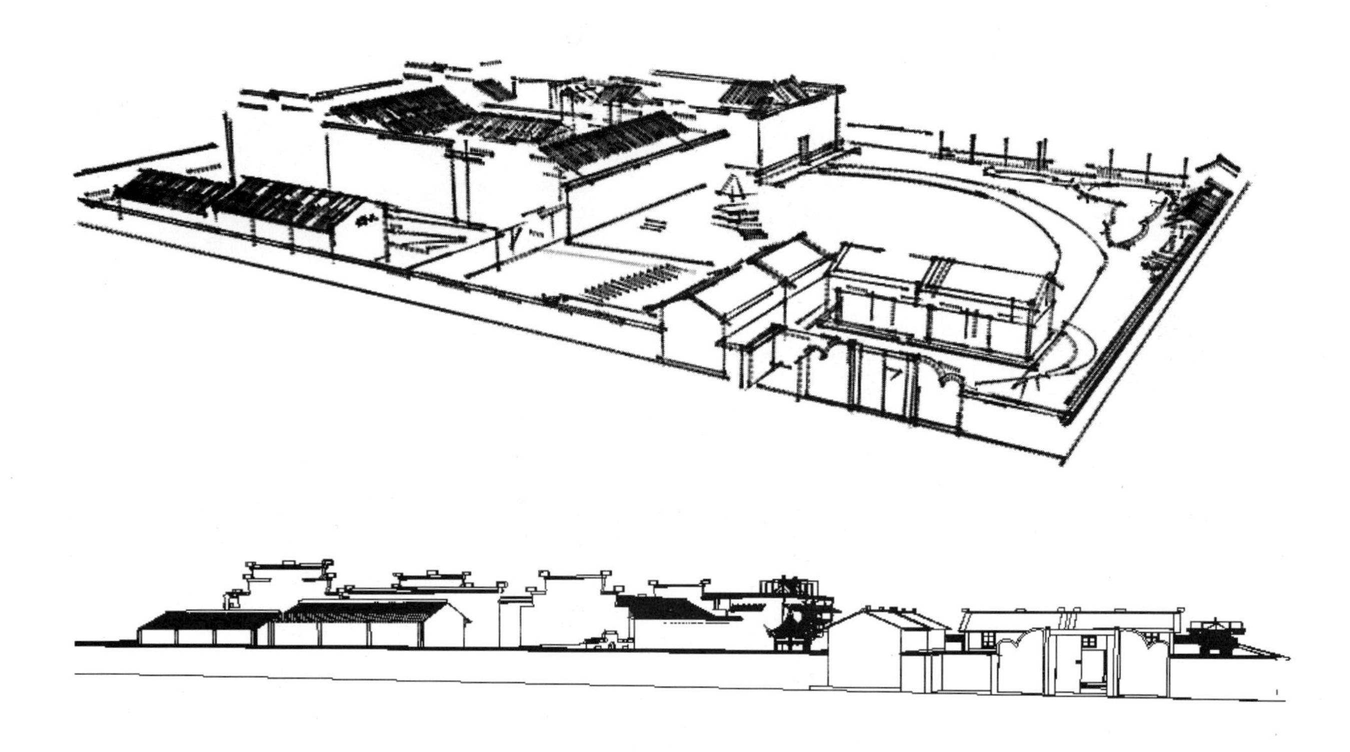

李家花园复原格局示意图（民国初期）

李家花园环境空间意向模型（民国初期）

李家花园环境空间意向模型（民国初期）

1925年杨森来万县后，把军司令部设在原李家花园处，即杨森公馆，也称为杨森花园为一楼一底，砖木结构，殖民式建筑。1933年后万县警备司令部、四川省第九区专员督察公署、第九区保安司令部等也迁住于此。历任专员曾在专署门前培植小园林和各种花木。杨森公馆历经栽培和保护，古木名树，郁郁葱葱，花坛密布，环境清雅，呈园林风貌。抗日战争期间，此处作为万县防空指挥部[①]。

1949年后，该处作为万县地区行署，也曾为万州区人民政府所在地。现在大院内的静园即为过去的杨森公馆，尚存有硕大的老黄桷树、青绿湿润的苔藓和青砖灰瓦的厅堂。大院内其他建筑已改为公司单位的办公用房。

杨森公馆环境空间模型（现代）

① 《万县地区城乡建设志》编委会，万县地区城乡建设志（1991—1992）［M］（内部刊物）。

杨森公馆环境空间模型（现代）

（李家花园）地区专署环境空间模型（20世纪60年代）

（李家花园）地区专署整体环境空间模型（20世纪60年代）

杜家花园（豫章中学—幼儿师范）①（20世纪70年代）

杜家花园位于高笋塘西北，现白岩路中段。杜家花园于清代光绪年间由国会议员杜伯容主建。花园中绿树成阴，亭台掩映，花圃数十处，以牡丹、芍药、茶花、桂花、茉莉花、罗汉松和海棠花等花木居多，门前柳树成林，富有园林风光[20]。1925～1928年，国民党第二十军军长杨森在此创办军事政治学校，同时杜家花园日渐荒芜。1931年，卖给江西会馆作为开办豫章中学的校址，改建校舍，房屋园林面貌大有改变。1961年为万县幼儿师范学校校址（“文化大革命”期间改为万县市第二初级中学），现为万二中初中部和幼师幼儿园。

清代至民国时期，杜家花园为较大型的私家园林式院落，园林景观独特。民国后期荒芜后，被会馆和学校利用，其空间变化不大。一直到20世纪70年代末，依然保持万县市城市郊外的外环境空间特征，环抱于自然田野风景之中。20世纪末，因城市建设发展，才转变为城市的内环境院落空间范围。至今依然保持了整体的院落空间形态，但景观环境发生了变化，四周被高楼建筑围合，原后花园改为教学楼，花园空间部分消失，前院依旧较开敞的空间为体育场地。

（杜家花园）幼儿师范（初二中）环境空间模型（20世纪70年代）

① 见附录全景图。

（杜家花园）幼儿师范（初二中）园门与后花园空间模型（20世纪70年代）

（杜家花园）幼儿师范（初二中）园门与后花园空间模型（20世纪70年代）

（杜家花园）幼儿师范（初二中）环境空间模型（20世纪70年代）

（杜家花园）幼儿师范（初二中）环境空间模型（20世纪70年代）

王家大院（20世纪70年代）

王家大院为典型的历史万州的民居院落，位于万县太白岩脚下，后邻白岩书院，前接王家花园。据考证，王家大院建于清代光绪年间，主体建筑依山就势居于岩石台地之上，四合院布局。院外为菜园，外以围墙不规则圈围数家院落，里面分布沟渠、水池和水井。围院内由户外大门铺路直达院落台基跟前，20多步石阶而上至四合院院门平台。巨大的传统青石镶门框和门槛，足有30厘米高，石门左右分有抱鼓石台，石门上方有横额“大雅不群”四字篆刻其上。进门过屋厅廊入院内，前排合院两边各三间房；左右厢房对称布局，各有石门进入，分两侧内廊式布置房屋共四间；中央为堂屋，高出天井1米有余，中间有宽大的石梯上堂屋，两侧也有石梯上耳房，腰墙高1米；左右两耳房都有内廊进入石门更里侧的宽敞空间和耳房、厨房；耳房可分别由堂屋左右侧进入渗透三间耳房；堂屋宽8米，后墙封实设置神龛，堂屋两侧均为花格木窗、木门，建筑主体为典型的川东地区穿斗式抬梁屋架结构，过廊均采用万县代表性的石门样式。

王家大院环境空间模型

王家大院院落空间环境

王家大院院落空间环境

协同中学（20世纪40年代）

老万县的协同中学位于现今鸡公岭小学位置，诞生于1941年。其经历了私立万县文德中学（1939年）、私立万县协同初级中学（1941年）、私立万县协同中学、万县市协同中学（1942年）、万州第二中学（1942年）等演变过程。

20世纪三四十年代，协同中学由高笋塘半边街经过一条坡道，到达学校大门，上入口石阶，两侧为石柱，拱形西式大门上有“协同中学”四字，附有英文译文。进入校门为一层台地。在校园用地未扩建前，仅有一条倾斜的石梯小路通向高差约3m的运动场；左侧有教师公寓，右侧栽植树木花草。1948年2月学校用地扩建后，在校门外左侧修建天德楼，为两层传统式穿斗结构木楼，主要用作教学楼，外围有通廊连接，整体平面呈现L形；左侧为三合院式一层平房，为土砖砌筑，用作教师公寓。顺进经过一排石梯子到达第二层台地，通向操场。沿操场左侧高差约3米的大梯子而下为学校礼堂，一楼作为食堂；继续前行下数步石梯达排球场，一侧为两层楼建筑，上层为图书馆，下层为教室，属于半地下建筑；正对礼堂方向为一三合院式教学楼，左侧是一层土房建筑，为男生公寓；礼堂左侧下行一排梯子到达教室，每间教室可容纳20余人；礼堂旁边为一层女生宿舍。协同中学整体由围墙与外界分隔，民国时期围墙外为当时的贵族教会学校。直至20世纪60年代末改为小学校址，但一直地处城区边缘一块高地之上，20世纪80年代后期因城市建设发展，才成为城市内环境的生活与活动空间部分。现已经处于万州高笋塘城区中心的繁华地带，以活动功能空间为主，景观环境空间基本消失。

协同中学校门

学校操场

教师公寓

教室

天德楼（教室）

图书馆

教室

公立图书馆（北山公园）（20世纪20年代）

万县公立图书馆位于原崇圣祠（文庙）奎星阁后山上，始建于1925年，是当时万县少见的一幢中西合璧宫殿式阁楼建筑，两楼一底，底层面积百余平方米，设有阅览室及书库。建筑的门窗均仿宁波天一阁形制，用铁皮包裹以防火。建成后适逢万县“九五惨案”发生。朱德、陈毅等曾在此召开各界人士座谈会，动员群众，掀起抗英怒潮。中华人民共和国成立后，这幢建筑物由万县市文化馆使用，局部作为职工宿舍[5]。

公立图书馆东侧同时建有北山公园，在北山观炮台梁子下，文庙以上，面积10000平方米左右。公园四周筑有围墙，园内根据地势筑成三台，上面两台种花栽树，居下一台是运动场。运动场下面是一排平房，平房前面砌有一坡石梯，长达数百级，也是公园的前大门。后因这里面积太小，又是陡坡，难于扩建，又在西山兴建了西山公园。

万县公立图书馆位于平台之上，视线广阔，属于院落式环境空间，它与外界环境形成点交换空间。

公园内部操场属于停留交往空间，小花园内部的小径等具有阻碍转向、转向引导等作用。二者共融一处，一虚一实，相得益彰，景色优美。

万县公立图书馆（北山公园）环境空间鸟瞰模型

万县公立图书馆（北山公园）环境空间模型

万县公立图书馆（北山公园）环境空间模型

广济寺（明代正德年间）

万县广济寺历史悠久，明正德（1513年）夔州府志就有“广济寺”的记载。在清道光（1827年）夔州府志中记载有明代黄溥曾“题万县广济寺”二首。梁山（平）双桂堂破山海明禅师（1597～1666年），“崇祯五年（1632年）归蜀，寓万县广济寺。”清同治（1866年）万县志也记载了广济寺在县西二里和黄溥关于广济寺的诗[2]。

广济寺位于原和平广场假山对面的马路坎下。经广济寺巷下通万安桥和太平桥。在广济寺右侧，清乾隆知县梁文五曾建有西山书院。经过万安桥上百步梯后可到达广济寺的一栋两层楼房前。

根据有关文献记载和考察推断，广济寺作为佛寺建筑，在万州山地中应为台地式后退布局，整体上按规制，基本具备山门殿、长廊、庭院、前大殿（天王殿）、厢房、大雄宝殿，由两个院落组成，层层抬高，依中轴线依次布局。前大殿一般面阔三间，为穿斗式砖木建筑，下有台基。后殿（大雄宝殿）底层用青砖砌成，面阔三间，为重檐歇山顶建筑。寺院的东侧为僧人生活区，包括僧房、厨房、斋堂等；西侧主要为禅堂，用于接待。

广济寺自明代建成以后，一直处于城池苎溪河对岸的西郊山地上，属于景观外环境空间的点交换院落，与古城和山水之间视线通透。直到20世纪20年代后，随着万县城市建设，新城向西发展，广济寺才逐步融入城区，作为内环境院落空间的一部分；

广济寺整体场景意向模型图

广济寺入口山门

广济寺内院空间

广济寺天王殿

广济寺内院空间意向图

20世纪40年代以后广济寺已经处于新城区核心部位，由于当时传统建筑高度低矮，山地高差较大，仍与对岸老城有很好的视线交换。随着1949年后的大规模城市建设，广济寺逐步被拆除，环境空间消失。从此只有其地名存在至今，遗址淹没于长江水下。

文庙（圣庙）（清代时期）①

文庙是祭祀孔子的庙祠。据清同治《万县志》：“文庙在城北正顶都历山脉，岿然高出各庙上，乃元学旧址，明末毁于兵，康熙二十二年，知县张永辉复捐修。嘉庆十二年至道光五年（1825年），知县陈焕章、李埔、米大中、李家佑、仇如玉先后劝捐重修，历（时）十八年功始告竣。”[2]

文庙在清同治五年的地图上又称圣庙，西邻武庙（曾位于环城路北面的公安局）。从清康熙年间至清代末期，多次重修文庙，越到后期重建得越豪华，装饰也更精细，布局空间上无大的变化，建筑形态的造型和修建水平有所提升，但相邻的三祠、学宫等古建筑均被拆除。20世纪20年代，文庙基本废弃，改作政府司法机关场地，20世纪40年代曾是万县市城守镇第二中心小学的校址。

万州历史上，文庙一带的建筑群具400多年历史，它位于万县古城中心，在景观的逆向空间组合中一直是重要的内环境空间节点。既可实现内外环境空间的视线交换，也是主要的内环境院落空间的代表，还是建筑结构、装饰、雕刻艺术不可多得的文物。

根据清代《万县志》绘制的文庙图谱，可见文庙自南向北轴线分三进院布置，依次为利济池、棂星门、泮池、前殿、大成殿、后院等，文庙

学宫（清代中期）（引自《万县志·同治》）

① 见附录全景图。

文庙平面图（清代中期）

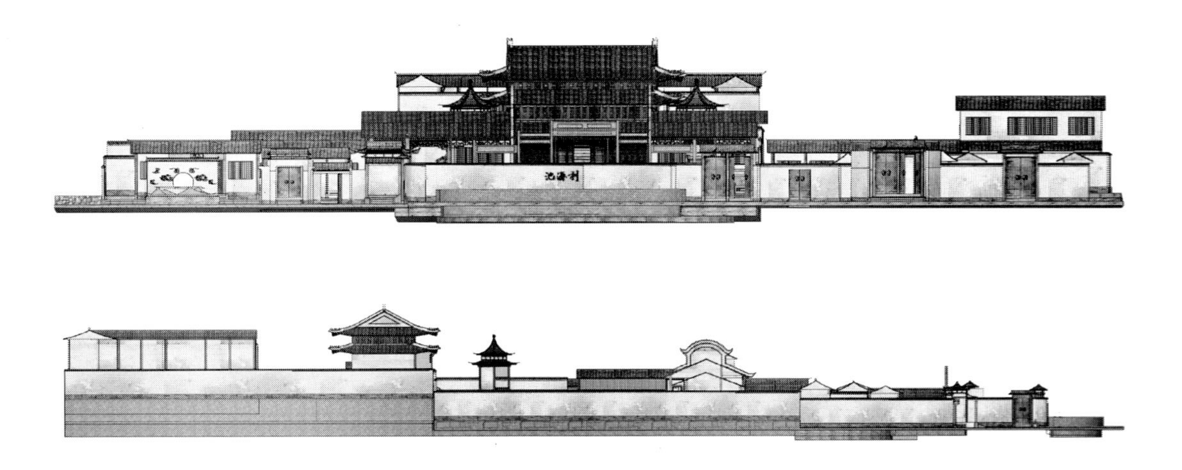

文庙立面图（清代中期）

棂星门（清代中期）

大成殿（清代中期）

学宫—文庙—三祠整体环境空间模型（清代中期）

文庙后院空间（清代中期）

侧院（清代中期）

三祠（清代中期）

文庙环境空间与前殿模型（清代后期）

文庙环境空间与前殿模型（清代后期）

文庙大成殿环境空间模型（清代后期）

文庙大成殿环境空间模型（清代后期）

文庙大成殿与前殿环境空间模型（清代后期）

清真寺（伊斯兰小学）（20世纪70年代）①

清真寺始建于清道光年间，距今已有100多年的历史。全寺占地面积约4000平方米，位于万县市旧城三马路，为中西结合式建筑形式，混凝土结构，其圆拱形门窗显示了较强的民族特色。是万州地区伊斯兰教胞和回民群众聚会的唯一场所，同时也是万州回民管委会会址。寺内建筑因山城地势而起，两边厢房对称均匀，殿前有“邦克楼”，殿后是三层砖木结构的伊斯兰师范教学楼。伊斯兰师范教学楼由回族商人周级三于1928年创立，在清真寺后山坡建起3层校舍，学校还附设清真小学。②

清代后期，清真寺及伊斯兰小学部分一直位于古城对岸的郊外，属于较为独立的院落环境空间。民国初期办学后，逐渐融入城市繁华区域，成为新城内环境空间。20世纪六七十年代，清真寺入口设在三马路中段，穿过民居院中落廊房数十步石梯直达清真寺前院；清真寺背后山坡即为伊斯兰小学校园，由三层砖木结构的主教学楼和三面围合的平房教室构成学校中心的活动空间；操场北侧高起的石栏边缘空间可眺望天城山、都历山、北山、翠屏山景；校园山后南侧开后门接月亮石巷，与和平路、复兴路主路交汇。

清真寺—伊斯兰小学环境空间模型（20世纪70年代）

① 见附录全景图。

② 《万县地区城乡建设志》编委会，万县地区城乡建设志（1991—1992）［M］（内部刊物）。

清真寺—伊斯兰小学空间节点模型（20世纪70年代）

清真寺—伊斯兰小学空间节点模型（20世纪70年代）

清真寺—伊斯兰小学空间节点模型（20世纪70年代）

清真寺—伊斯兰小学空间节点模型（20世纪70年代）

其他院落空间

专区医院（20世纪60年代）

万县专区医院整体环境空间具有突出的节点交换—边缘交换—内外环境空间组合特征，作为一种标志矗立在西山公园山崖之上，视点突出，可与长江沿岸空间景观进行视线交换。

万县专区医院环境空间模型（20世纪60年代）

万县专区医院环境空间模型（20世纪60年代）

万县专区医院环境空间模型（20世纪60年代）

万县市卫生学校（九思堂）（20世纪60年代初）

九思堂花园亦名澄庐，也称黄家花园。由万县富绅（大盐商）黄景伯于清光绪年间修建。以“君子九思”之意取名“九思堂”，面积4万多平方米，民国初期，为城区最大的私家宅院林园。园中林木荫翳，名花众多，仅各种桩头花盆就有100多盆。20世纪20年代后，黄家家境逐渐衰落，园林随之荒芜。中华人民共和国成立初期，黄家后人遂将所余宅园卖给万县卫校[①]。1949年后，此花园空间（卫生学校）由外环境空间转变为内环境空间与院落空间，环境空间范围有所萎缩。

卫校大门（20世纪60年代）

卫校环境空间模型

① 《万县地区城乡建设志》编委会，万县地区城乡建设志（1991—1992）［M］（内部刊物）。

卫校球场活动空间模型

内部院落空间

高笋塘地委大院（20世纪六七十年代）[①]

20世纪60~80年代，围绕高笋塘周边分布有万县专区（地区）整个党政机关以及家属院落。沿池塘周边的这一片区，在民国时期原为杨森部队司令部以及新旧营房和招待处，自那以后也一直为万县地区政府机关所在地，直至20世纪90年代后期迁出。在20世纪六七十年代，池塘以南分布有万县地委机关和地委大院；池塘以北为万县地区行署（专署）机关和大院。唐宋时期因该区域位于西山山麓，湖水荡漾，景色秀丽，环境优美，被誉为不可多得的西山名胜——鲁池，属于当时城外的一处绝美的山水空间环境，此后便逐渐被荒废或填埋。直到20世纪初的城市建设时期及其以后30年间，才多次重修高笋塘，成为了这段时期城市中的内环境阻滞停留空间，以及可与外环境空间进行视线交换的点空间，在这里均可通过视线走廊尽观天生城、太白岩以及翠屏山和长江。而分布在高笋塘四周的地委机关大院，也逐渐成为了城市内部宽敞而大型的院落与生活空间，院落内部西式建筑风格凸显，采用自然式与规则式相结合的园林布局，给人们留下了深刻的印象，如地委7号大院、8号大院、四方院等。直到20世纪80年代以后，随着城市的多次改造，高笋塘池塘及其周边大型院落的空间环境才因填埋、拆除而逐渐消失殆尽。

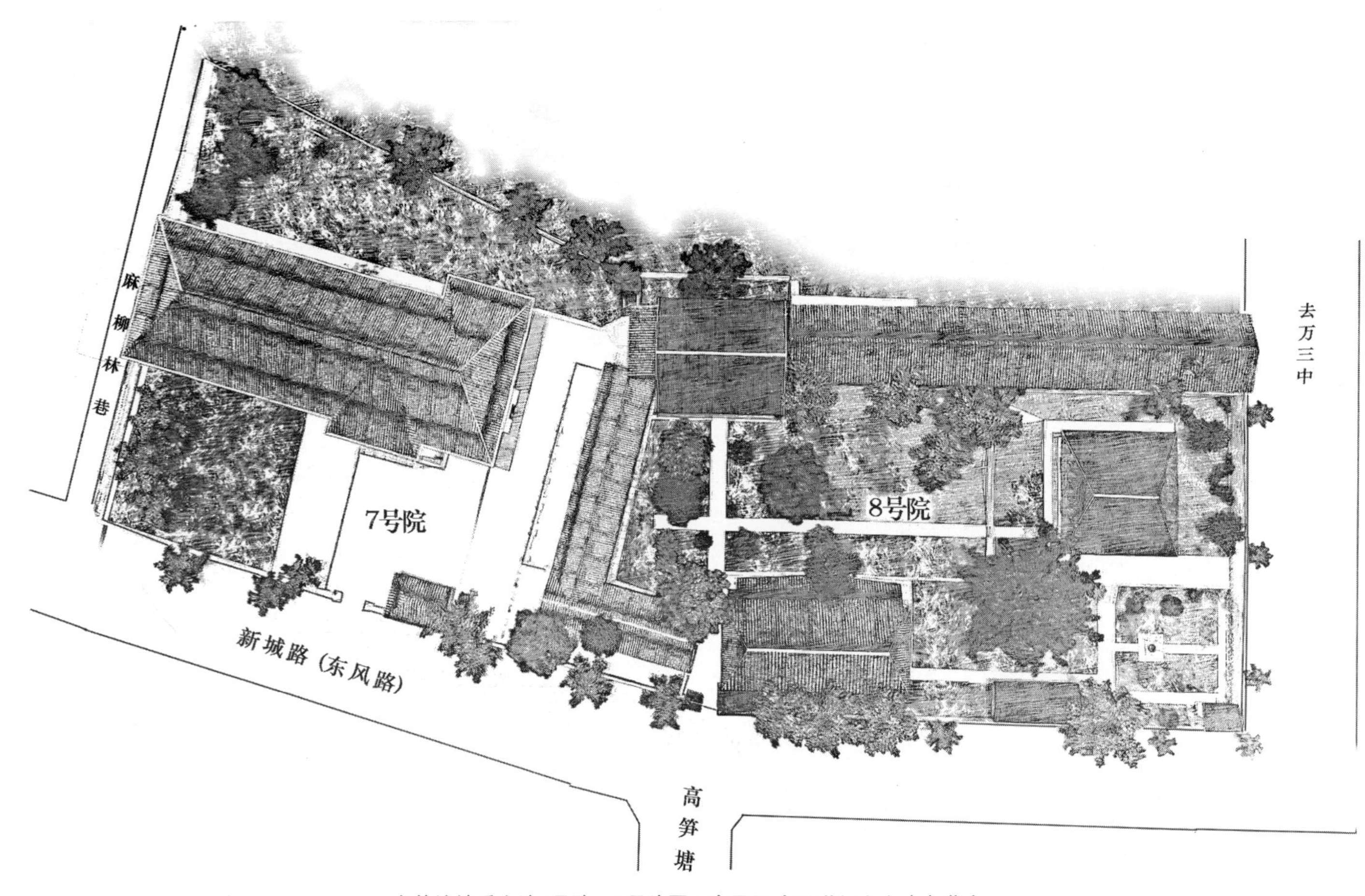

高笋塘地委大院7号院、8号院平面布局图（20世纪六七十年代）

① 见附录全景图。

地委大院7号院环境空间模型

地委大院8号院东院环境空间模型

地委大院8号院东院环境空间模型

地委大院8号院西院环境空间模型

参考文献

[1] 任桂园. 三国魏晋南北朝时期的盐制与三峡盐业综论[J]. 重庆三峡学院学报，2003，（06）：5-10.

[2]（清）张琴修，范泰衡，万县志（清同治五年刊本）[M].台湾：成文出版社，1976.

[3] 蓝勇.重庆古旧地图研究 [M].重庆：西南师范大学出版社，2013.

[4] 李雯君. 浅析近代万县城市的发展[J]. 三峡论坛（三峡文学.理论版），2014，（02）：82-86.

[5] 重庆市万州区龙宝移民开发区地方志编撰委员会.万县市志[M].重庆：重庆出版社，2001.

[6]（南宋）王象之.舆地纪胜（咸丰五年八月校刊）[M].北京：中华书局，2013.

[7] 龙彬.风水与城市营建[M].南昌：江西科学技术出版社，2005.

[8] 邱江陵.图说万州[J].重庆三峡学院学报，2015，31（02）：1-9+24.

[9]（北魏）郦道元著，陈桥驿校证.水经注校证[M].北京：中华书局，2007.

[10]（汉）司马迁.欽定四庫全書 [M].北京：中国书店出版社，2013.

[11] 重庆市万州区博物馆.沧桑万州（近代篇）[M].武汉：长江出版社，2011.

[12] 袁犁，姚萍.历史文化城镇逆向空间序列特征研究及其意义[A]//第二届“21世纪城市发展”国际会议论文集[C]，2007：342-346.

[13] 袁犁，游杰. 消失的聚落——北川古羌寨遗址建筑与环境空间研究[M]. 重庆：重庆大学出版社，2015.

[14]（清）刘德全，道光夔州府志（清道光七年刻本）[M].成都：巴蜀书社，1990.

[15] 曾冬梅，昌千，袁犁.古万州城空间演化初探[J].科技展望，2016，34.

[16] 姚萍， 袁犁.历史古城镇逆向空间景观构成及其演化——以四川黄龙溪古镇为例[J]. 规划师， 2010， 26（1）：21-25.

[17] Xu R D，Zeng D M，Yuan L. Analysis on the growth and evolution of the landscape space of Wanzhou city in Chongqing ——taking the space evolution of Gaosun Tang as an example[A]//4th International Conference on Sustainable Energy and Environmental Engineering（ICSEEE 2015）， 2016，（02）：2352-5401.

[18] 昌千， 许入丹， 袁犁. 历史万州城市边缘环境空间演化研究[J]. 城市地理， 2016，（12）：272.

[19] 许入丹， 袁犁. 重庆万州西山公园景观空间生长演变分析[J]. 科学与财富， 2016，（21）：101.

[20] 万县志编纂委员会，万县志[M].成都：四川辞书出版社，1995.

[21] 袁犁. 文化与空间[M]. 北京：中国原子能出版社，2014.

历史万州环境部分空间节点景观720全景效果图

和平广场（20世纪80年代） 白岩书院（20世纪70年代） 北山观（20世纪60年代）

豫章中学（幼师20世纪70年代初） 文庙（清中期） 高笋塘（20世纪70年代）

西山公园（20世纪70年代） 和平广场（20世纪70年代） 清真寺（20世纪70年代）

万女中（20世纪40年代） 鲁池（宋） 文庙（清后期）

后 记

经过我们三年有余的潜心研究和课题组全体人员的不懈努力，几经修改完善，最终编撰完成本书。万州历史古老而久远，曾留下了众多的名胜古迹和山水景观，现如今随着现代城市的建设，它们却在逐渐淡出人们的视野。特别是一些山水环境空间受到现代城市建筑和功能空间的干扰和阻碍，不断演变的现代化城市建设的新功能、新格局与传统山水文化空间之间出现了很多的矛盾和环境的不协调。甚至一些历史文化名城在建设中也忽视了传统文化和空间关系的延续和传承。我们怀着对万州历史文化与环境空间的特有情怀，于2014年结合万州区规划设计研究院“万州城市空间与形态演变研究”项目，专门组织课题组开始研究“历史万州环境空间演变”，并开展了一些主要空间节点的模型复原构建工作。课题组经过走访、实地勘察以及查究大量古书籍，收集多方资料，同时得到了万州区规划设计研究院、万州区老年大学一些老同志和各方人士的大力支持，获得一些详细资料，最后由课题研究团队认真研究和对比分析，于2017年年底完成了“历史万州环境空间的演进研究”，并对一些主要场景空间进行空间模型的建立。2015年开展研究以来，我们陆续发表了多篇有关万州历史空间的研究文章，将历史万州环境空间的研究推向了深入。

本研究著作是在西南科技大学城乡规划硕士生导师袁犁工作室和重庆市万州区规划设计研究院共建的校企合作平台“西南科大规划设计室”的合作支持下，以及工作室全体师生的参与下，在老万州的亲朋好友和热爱万州的朋友们的支持下得以顺利完成的，在这里向支持和帮助过此书撰写的所有人员表示诚挚的感谢。同时，本书还得到了重庆大学建筑与城市规划学院博士生导师赵万明教授的指导，特此表示感谢。我们的研究团队三年来一直坚持不懈的努力，许多硕士研究生和本科生都加入课题研究，如游杰、向晓琴、蒋盈盈、张志超、丁文梅、黄晓兵、邱子君、罗丹、向敏、刘逍、许入丹、曾冬梅、昌千、胡林钦等，他们在导师的指导下，做了大量的前期调查和资料收集整理工作。部分同学还参与了整个过程的科学研究，其中刘莹颖、邓宇东两位同学完成了有关万州现代空间和旅游周期的硕士研究生毕业论文；张志超、许入丹、曾冬梅、昌千4名同学撰写的关于万州历史空间的研究文章，在国际会议和公开学术期刊发表。本书是在巨量的资料中，由袁犁教授学术领头，谭欣、许入丹、曾冬梅、昌千等四位研究人员开展分类研究，通过历史资料信息的分类提炼，通过我们的分类提炼来演绎讲述古万州城的历史故事，用图解这一直观的方式向大众展现万州的历史记忆和代代老万县人内心深处的独特情怀。本书为万州民众提供了了解家乡的途径，也留存了老万县的记忆，是不可多得的珍贵资料，希望能传达出万州城市厚重历史的韵味醇香！书中也涉及万州城市发展过程中各类环境空间类型的组合演变特征以及空间演变的影响规律，可供专业人员以及地域文化和历史空间爱好者参考和学习，同时为现代城市建设中如何保留、保护优秀环境空间和传统文化空间，营造新的优良景观空间提供借鉴和规划思路，为社会提供更多的文化供养。

本书内容均为研究所得，除了注明引用和参考的文字资料和图片外，均由课题组制作完成。由于资料收集来源的不完整，可能存在不恰当的地方，敬请广大读者予以指正，我们会进行不断的修改和完善。

最后感谢科学出版社编辑部同志们的大力支持！

课题组

2018年1月于西南科技大学清华楼

作者简介

袁犁，西南科技大学城乡规划系教授，硕士生导师。1982年毕业于成都理工大学后到西南科技大学任教至今。2006年赴日本京都立命馆大学理工学院建筑计画系进修。主要从事城市历史景观空间、传统城镇风貌与风景园林规划设计方法等研究。著有《文化与空间》《消失的聚落》《农业景观规划设计与实践》等专著，主持与主研科技项目与设计50余项，获省市级成果奖3项，发表学术论文60余篇。

谭欣，1996年毕业于西南科技大学城乡规划专业，2006年获得重庆大学城市规划与设计硕士学位。现任重庆市万州区规划设计研究院院长，注册城市规划师，高级工程师，西南科技大学硕士生导师，重庆三峡学院兼职教授。长期从事山地城市规划设计与研究，主持与承担各类规划设计项目百余项，获省市级优秀规划设计奖成果数十项，发表重要学术论文8篇。

许入丹，毕业于西南科技大学城市规划专业，现西安建筑科技大学在读硕士研究生。参与景观设计项目1项；承担历史古城空间演化研究项目1项；主持村规划项目20余项；发表学术论文7篇；合著学术专著1部。

曾冬梅，毕业于西南科技大学城市规划专业，现华南理工大学在读硕士研究生。参与景观设计项目1项；承担历史环境空间项目研究1项；主持村规划项目6项；发表学术论文2篇。

昌千，毕业于西南科技大学城市规划专业，现重庆市万州区规划设计研究院助理规划师。参与景观规划设计3项；承担历史环境空间项目研究1项；主持村规划项目5项；公开发表学术论文2篇。